品读城乡空间系列｜陈易主编

U0161410

城记：多样空间的营造
Essay of Cities: Creation of Diversified Spaces

陈易　编著

东南大学出版社
SOUTHEAST UNIVERSITY PRESS
南京·2021

内容提要

本书以城市规划师的专业视角、城市参与者的感性认知，从记忆空间、故事空间、体验空间、线性空间和流淌空间计五个主题，用通俗性文字分别阐述了对城市多样化空间的思考与研究。内容包括五个方面：从老城区历史文化空间入手，以文化、产业与混合开发的视角探讨城市更新的理念与策略；在国内外案例研究的基础上，分析城市文化休闲空间的发展与规划；以人的体验为根本，通过案例与规划项目研究城市开放空间的设计；从道路与水系规划设计为切入点，研讨城市线性空间的设计；最后，从城市与水体之间关系的角度，分析滨水空间，以及城市与自然空间融合规划的问题。

本书适合城市研究、城乡规划、人文地理等专业研究人员，以及城乡区域规划科学爱好者研读或参考。

图书在版编目（CIP）数据

城记：多样空间的营造 / 陈易编著 .—南京：东南大学出版社，2021.3

（品读城乡空间系列 / 陈易主编）

ISBN 978-7-5641-9365-2

Ⅰ.①城⋯ Ⅱ.①陈⋯ Ⅲ.①城市规划－研究 Ⅳ.① TU984

中国版本图书馆 CIP 数据核字（2020）第 264107 号

书　　名：城记：多样空间的营造 Chengji: Duoyang Kongjian De Yingzao
编 著 者：陈　易
责任编辑：孙惠玉　　　　　　　　　邮箱：894456253@qq.com

出版发行：东南大学出版社　　　　　　社址：南京市四牌楼 2 号（210096）
网　　址：http://www.seupress.com
出 版 人：江建中

印　　刷：徐州绪权印刷有限公司　　排版：南京凯建文化发展有限公司
开　　本：787mm×1092mm　1/16　印张：12.5　　字数：305 千
版 印 次：2021 年 3 月第 1 版　2021 年 3 月第 1 次印刷
书　　号：ISBN 978-7-5641-9365-2　定价：79.00 元

经　　销：全国各地新华书店　　　　发行热线：025-83790519　83791830

本书编委会

主　任：陈　易

副主任：乔硕庆　刘晓娜

成　员（以姓氏拼音排序，含原作者与改写作者）：

陈　易　方　慧　付亚齐　郭　锐　郭　硕　胡正杨

荆　纬　李晶晶　刘贝贝　刘晓娜　乔硕庆　孙诗鸿

田　青　王　健　王金朔　杨　楠　杨晓宇　张　雷

总序一

这是一套由一群在规划实践一线工作的中青年所撰写的有意境、有情趣，兼具科学性和可读性的关于人类聚居主要形式——城、镇、乡的知识读物。它既为人们描绘了城、镇、乡这一人们工作、生活、游憩场所的多姿多彩的风貌和未来壮美的图景，也向读者抒发着作者对事业、对专业、对理想的热爱、追求和求索的心声。他们以学者般的严谨和初生牛犊的求真勇气，侃侃议论城、镇、乡建设中的美与丑，细细评点城乡规划的得与失，坦陈科学规划之路，也诉说着他们在工作经历中的种种感悟、灵感和思考。丛书描述、评论、探索兼具科学与文学，内容丰富多彩、文字清新脱俗，是难得的一套新作。

丛书可贵之处还在于作者们以规划者敏锐的视角，认清时代特征，把握社会热点，以鲜明的主题探讨城、镇、乡的发展和规划之钥。丛书主要由四个分册组成。

第一分册聚焦于"城"。城市，既是国民经济的主要增长极，更是城镇化水平已超过50%、进入城市社会的中国其人民主要的工作和生活场所，更是区域空间（城镇、农业、生态）中人口最为集聚的空间。如何规划、建设、打造好城市空间是贯彻以人为本、以人民为中心、以人民需求为目标的新发展理念的具体体现。在告别了城市规划宏大叙事年代以存量发展、城市更新为中心的城镇化后半场，该部分即以"多样空间的营造"为主题，以文学化的词汇生动地描述和记述了城市的记忆空间、故事空间、体验空间、线性空间、流淌空间这些尺度小却贴近人的生活体验的空间，真正实践"城市即人民"的本质。

第二分册聚焦于"镇"。镇，作为城之末、乡之首的聚落空间，既在聚落体系中发挥着城乡融合的重要联结和纽带作用，也是乡村城镇化的重要载体。"小城镇、大战略"依旧具有现实意义。该部分针对小城镇发展的问题和新形势，以"精明、精细、精致、精心、精准"作为小城镇发展的新思路，伴之以特色小镇大量的国内外案例，讨论了产业发展、体验空间、运营治理、规划创新等小城镇、新战略，让人们对小城镇尤其是特色小镇这种新类型有了系统的认识。

第三分册聚焦于"乡"。该部分遵循习总书记所提出的"乡愁"之嘱，以"乡愁空间的记忆"为主题，从乡村之困、乡村之势、乡村之道、乡村之术四个方面，满怀深情、多视角地从回顾到展望、从中国到外国、从建议到规划、从治理到帮扶，系统地把乡村问题，乡村发展新形势、新理念，乡村振兴的路径和规划行动做了生动的阐发，构成了乡村振兴完整的新逻辑。

第四分册聚焦于"国土空间"。该部分是理论性和学术性较强的一个分册。国土空间规划是当前学界、业界、政界最为热门的话题。自《中

共中央 国务院建立国土空间规划体系并监督实施的若干意见》发布，并以时间节点要求从全国到市县各级编制国土空间规划以来，全国各地的国土空间规划工作迅速展开，成为新时代规划转型的一个历史性的事件。城、镇、乡是国土空间中的城镇空间和农业空间的重要组成部分。国土空间规划以空间为核心，融合了各类空间性规划，包括主体功能区规划、城乡规划、土地利用规划；同时，它又强调了空间治理的要求。因此，无论从理论上、方法上、体系上、内容上和编制上均有一个重识、重思、重构、重组的过程，是一种新的探索。因此，丛书的编制单位邀集了有关部门的学者共同撰写了这本册子。本书从空间观的确立、各种规划理论的争论、国际规划的比较、三类空间性规划的创新、技术方法以及新规划的试点实例和体系重构等对国土空间规划这一新规划类型和新事物进行了系统探讨。这既是对城、镇、乡这三类空间认识的提升，也是对这一空间规划类型的新探索，给当前广泛开展的国土空间规划提供了一种新的视角。

丛书由南京大学城市规划设计研究院北京分院（南京大学城市规划设计研究院有限公司北京分公司）院长陈易博士创意、组织、拟纲、编辑、审核，由全院员工参与撰写，是集体创作的成果。丛书既有经验老道的学术和项目负责人充满理性、洋洋洒洒的大块文章，也有初入门槛年轻后生的点滴心语。涓涓细流，终成大河，百篇小文，汇成四书。丛书适应形势，紧扣热点，突出以人为本，呈现规划本色。命题有大有小，论述图文并茂；文字清丽舒展，白描浓墨，相得益彰；写法风格迥异，有评论、有随笔，挥洒自如，确实是一套新型的科学力作，值得向广大读者推荐。

我一直支持和鼓励规划实践一线人员的科研写作。真知来自实践，创新源于思考，这是学科发展的基础。同时，在宏大的规划世界里，我们既要有科学、规范的理论著作，也要有细致入微的科学小品，这样，规划事业才能兴旺发达，精彩纷呈，走向辉煌。

崔功豪

2019 年于南京

（崔功豪：南京大学教授、博士生导师，中国城市规划终身成就奖获得者）

总序二

2012 年，怀揣着一份规划工作者的激情与理想我回到了母校南京大学，和一群志同道合的小伙伴在北京创建了南京大学城市规划设计研究院北京分院。在国内大型设计院和国际知名规划公司工作十余年之后，当时我们的理想是希望构建一个能够兼顾规划实践与规划研究，兼具国内经验与国际视野，并且能够不断学习、分享、共同成长的创新型规划团队。如今回首思量，真正要做到"学习、分享、共同成长"这八个字，何其之难！

在不知不觉的求索之中，八年时间一晃而过。幸运的是，我们的确一直在学习，也一直在创新。我们实现了技术方法、研究方法和工作方式的转变，不变的是我们依然坚守着那份执着，带着那份初心在规划的道路上不断前行。这一路，既有付出也有收获，既有喜悦也有痛苦；这一路，既有上百个大大小小规划实践的洗礼，也有无法计数专业心得的随想；这一路，既有在国内外期刊上发表的文章与出版的专著，也有发布在网络与自媒体上短小的随笔杂文。由此，我们就自然而然地产生了一个想法：除了那些严谨的规划项目、学术专业的论文书籍，为什么不把随想心得和随笔杂文也加以整理，与人分享呢？这就好像我们去海边赶海，除了见证壮观的潮起潮落，还会在潮水退去后收获大海带给我们别样的礼物——那些斑斓的贝壳。编纂这套丛书的初衷也正是如此，我们希望和大家分享的不是浩如烟海的规划学术研究，而是规划师在工作中或是工作之余的所思、所想、所得。因此，这套丛书我们不妨称之为非严肃学术研究的规划专业随笔札记。

编写的定位折射出编写的初衷。之所以是非严肃学术研究，是因为丛书编写的文风是随笔、杂记风格，可读性对于这套丛书非常重要。这不禁让我回忆起初读《美国大城市的死与生》时候的情景，文字流畅、通俗朴实、引人入胜的感受记忆犹新。作为城市规划师，我们应该抱有专业严谨的精神；作为城市亲历者，我们应该有谦恭入世的态度。更何况，一群年轻的规划师本身就是思想极为活跃的群体。天马行空的假设、妙趣横生的语汇都是这套丛书的特点。之所以还要强调规划专业，是因为丛书编写的视角仍是专业的、职业的。尽管书中很多章节是我们在不同时期完成的随笔杂文，然而我们还是进行了大幅度的整理和修改，尽可能让这些文章符合全书的总体逻辑和系统，并且严格按照书籍写作的体例做了完善。可以说，丛书编写的目的还是用通俗易懂的文字表达深入浅出的专业观点。简而言之，少一些匠气、多一些匠心。

丛书的内容组织以城乡规划的空间尺度为参照，包含了城、镇、乡等不同的空间尺度，并以此各为分册。丛书的每个分册力图聚焦该领域近几年的某些热点研究方向，极力避免长篇累牍的宏大叙事。正如规划本身需要解决现实问题一样，丛书所叙述的也是空间中当下需要关注的关键问题。当然，这些文字中可能更多的是思考、探讨和粗浅的理解，其价值在于能够与城乡研究、规划研究的同仁一起分享、研究和切磋。

文至此处，已经不想赘言。否则，似乎就违背了这套丛书的初衷了。"品读城乡空间系列"自然应该轻松地品味、轻松地阅读、轻松地思考。如果能够在阅读的过程中有些许启发或者些许收获，那么自然也就达到本套丛书的目的了！

陈易

2019 年于北京

序言

在这本书即将出版之前，中国正迎来一场突如其来的严重疫情，并逐步成为一场全民性的英勇战"疫"。在长达一个多月的居家"禁足"期，方能安静坐下来认真品读书稿，并借此重新思考城市的多样性带给我们生活的重要意义。

1938 年路易斯·沃思在其《作为一种生活方式的城市性》一文中解释了什么是"城市性"。他认为，构成"城市性"的因素除了人口规模和密度之外，还有异质性。随着人们对城市理解的不断发展，异质性、多样性已经成为城市地区尤其是都市地区的重要特征。二战以后，随着城市重建以及都市社会运动的广泛爆发，对城市多样性的强调上升到更高的地位，在雅各布斯的城市多样性理论提出后一度成为城市研究的焦点。如今，在对于城市发展水平或发展潜力的评价中，多样性都是其中尤为重要的方面。

这本书正是从多样性的视角出发，内容极为丰富，既有历史悠久的老城里关于胡同、城墙的故事，也有城市扩张过程中高铁站、空港城的故事；既有对国外城市的深度游学，也有对国内城市的深入调查；既有文化的追踪，也有技术的探寻；既描绘了老年人对记忆的眷恋，也呈现了青年人浪漫的小确幸。与生物多样性一样，在城市生态链上的每一个存在都对城市具有重大的意义，是城市结构的重要组成部分。这些丰富的故事都来自我们年轻的规划师工作中点点滴滴的思考，这些点滴思考汇集在一起，的确体现出城市多样性的本质，也展现了城市规划工作的多面性与复杂性。

这本书的另一个特点是讲"小故事"。正如编者陈易自己所说，本书探讨的不是"大问题"，而是"小事情"。当然，书中的"大"与"小"更多是基于空间尺度的定义。实际上，所谓多样性，强调的正是"小"的意义和价值。这也正是后现代主义兴起后对现代主义发起的挑战。作为城市规划师，我们往往容易陷入宏大的经济、社会、政治叙事之中，并不断试图缔造新的城市结构来描述未来更加宏大的叙事。有很长一段时间，规划忽视了"小人物""小事件"对于城市结构的重要性，其结果不仅使得城市变得千城一面，失去多样性；而且让城市缺乏活力，逐步失去增长的动力。如今，我们强调"以人为本"的规划，其本质我认为不仅仅是强调把"人"而不是"生产"放在首位，进一步而言，是要重视城市中每一个个体哪怕是最卑微的个体的价值。在本书所提及的"小（尺度）事情"中，我认为除了作者们以小见大的思考之外，这些"小事情"本身更让人惊喜。有的时候，保存它们可能比解决它们更有价值。

"丰富的小叙事"构成了本书的主色调。每一个小的章节就是一个空间"碎片"，汇集在一起便是一幅城市"拼图"。编者有编者的拼法，我认为其中还是显露了规划师强大的现代性的结构主义逻辑，而读者一定会有读者的拼法。我的拼法是在其中架构我们南京大学城市规划设计研究院的项目逻辑以及寻找年轻规划师的思维痕迹，这完全是基于我作为一个企业经营者的心态。保持每一个"碎片"的完整性和独立性，正是后现代城市带给都市人的乐趣，也希望这本书能够带来这样的新体验。

从本书的形成过程来看，它记录了南京大学城市规划设计研究院北京分院的同事们在多年工作中对城市以及对规划的思考。书中的很多内容来自这群年轻的规划师在项目过程中所做的理论研究和对实践案例的学习。能够有这么多的研究成果对于规划师而言并非易事。作为规划师，我们在项目启动之初的许多想法（包括我们认为备受启发的"头脑风暴"）往往在实际推进的过程中接续"夭折"。无论是现实的还是人为的原因，原始的思考冲动多数会湮没在最终范式化的规划成果中。难能可贵的是，北京分院的小伙伴们总是认真地记录下了他们在项目过程中的想法，无论这些想法最终是否得以转化为项目成果，也都或多或少地得到了保存。我认为，正如我们保存城市"碎片"一样，这些"小想法""小研究"对规划多样性的建立也具有重要意义，保存它们有时比延续它们更有价值。书中的很多文字保留了年轻规划师最初的思考冲动，甚至也保留了很多与项目甲方、合作方交流时对方的思考。虽然在研究的过程中流失了一些初衷，在阅读的过程中能够看到刻意加工的痕迹，但至少可以守望来路。所以，我为这群年轻的规划师感动并骄傲，感动于他们对工作的全心付出，无论项目推进多么辛苦，都还在坚持独立思考研究；骄傲于他们对城市的坚定梦想，无论现实多么"骨感"，都对城市的未来饱含信念。

在过去的一个多月，全体中国人民都自觉呆在家里，城市从喧嚣瞬间转入宁静。高密、集聚成为一个负面的词汇，因高密度而产生的多样性最终会何去何从？在此期间，我觉得从各种官媒、自媒上看见的最令人振奋鼓舞的不仅仅是抗"疫"所取得的战果，更有中国老百姓在如此枯燥、单调的居家生活中活出的花样精彩，例如，在家中客厅、卧室的"旅游"、高层住宅隔空的肢体交流、亲朋好友的视频聚餐和空中麻将。所以，高密度、异质性依然会是城市的本质，城市的空间创造依然还会以促进交流、提高多样性为目标。在这本书出版的时候，疫情应该已经过去，城市又将恢复活力，这些年轻的规划师又将回到紧张的工作中。相信书中的各种"小故事""小确幸""小研究"将会继续，并可能会产生更多的思考，去促进而不是阻碍城市的多样精彩。

黄春晓

2020 年春于南京大学

（黄春晓：南京大学副教授，南京大学城市规划设计研究院院长）

前言

记得 1999 年研究生入学考试的时候就有一道和"内城"相关的问答题。当时，城市更新、城市复兴是国际城市关注的重要议题，而彼时的中国城市正在经历新城、新区建设大发展时期。近 20 年的快速城市化让中国的城市化水平上升了二十多个百分点，城市的框架也极速拉大。如今城市更新也已然成为中国不少大城市所关注的热点话题之一，城市研究的关注点也越来越趋向于内部空间的细分领域。正如很多学者在这些年所谈到的，中国的城市规划与城市研究已经告别了宏大叙事的年代，我们即将迎来城市内部精致空间的探索。

回顾这些年的规划工作，我既参与了许多大尺度的研究（所谓宏大叙事），也参与了不少小尺度空间的研究。在实践的过程中我也越来越意识到，无论怎样的尺度都无法脱离"人"这一永恒的标杆。无论城市还是区域的空间尺度，以人为中心必然是科学的、持续的。当我们在蓝图上设计节点、轴线、组团的时候，更应该考虑的是它们所反映出的具体城市空间带给人的体验是什么。有可能这个空间在向人们传递城市的历史、城市的文化、城市的创新，也有可能这个空间为人们打开城市通往自然的窗口、平台和廊道；有可能这个空间可以带给孩子以快乐、带给年轻人以活力，也有可能这个空间可以带给中年人以恬静、带给老年人以安逸。甚至，它可以承载不同人群丰富多彩的诉求。多样化的空间是一座城市的魅力所在，也是一座城市的精致所在。

毋庸置疑，这本书想和大家探讨的不是城市里面的"大（尺度）问题"，而是我们周遭可见的"小（尺度）事情"。作为一个城市空间的使用者，规划师除了有专业视角以外，同样也会有林林总总的小思考和小想法。这本书仅仅选取了部分小尺度空间的主题，例如城市历史空间、文化空间、运动空间、道路水系空间和滨水空间，用文学化的语汇来表述，我们把它们分别叫作记忆空间、故事空间、体验空间、线性空间和流淌空间。面对纷繁复杂的多样化城市空间，我们只能管中窥豹，选取部分典型方面加以论述。在每个章节、每个主题的探讨中，我们或针对具体城市的案例，或针对某些特殊空间的研究，或引用部分亲身实践的规划，或评述空间内部自有的规律，力图用最通俗的文字来展示规划师作为城市空间参与者的所思所想。这些来源于生活的朴实思考，往往会被体现在专业的规划实践中。

这些有趣的文字和新颖的想法大多来源于平时勤于思考的小伙伴们，在这里要特别感谢方慧、付亚齐、郭锐、郭硕、胡正杨、荆纬、李晶晶、刘贝贝、刘晓娜、乔硕庆、孙诗鸿、田青、王健、王金朔、杨楠、杨晓宇、张雷对这本书的付出。没有他们平时的笔耕不辍和持续学习，就很难看到今天这本书的成稿。同时，还要感谢北京京诚集团赵春军先生，上饶市自然资源局杨华文先生、童晓军先生、蔡勇先生，西南交通大学唐由海先生、邓幼萍女士，汕头市自然资源局潮南分局马肇义先生，汕头市自然资源局潮阳分局欧镇武先生、翁泽琪先生、陈灿新先生，成都郫都区规划和自然资源局刘庆先生，中国建筑集团周雨杭女士，北京国瑞兴业建筑工程设计有限公司赵艳女士。合作伙伴的大力支持让我们能够在城市规划实践中取得更多有价值的收获，也衷心希望我们所生活的城市越来越好！

　　感谢这些年一直鼓励我们和支持我们的朋友！有你们的鞭策和鼓励，我们才能持续前进。这本书仅仅是一个开始，我们更期待着后续的一系列选题的书籍能早日付梓出版，以实现我们的小小理想，也是我们的初衷——学习、分享、共同成长！

陈易

2019 年于北京

目录

1 城南旧事，光影间的记忆空间

1.1 散落在城市中的时光碎片

1.1.1 胡同，北京的城市意象

1）胡同初印象[①]

每一个初次来北京的人都想感受它最具象征性的历史文化，如果说天安门、故宫、颐和园是北京皇家文化的代表，那么胡同，则代表着最具老北京特色的民间文化，要感受"最北京"的文化，就要从了解胡同开始。

胡同，是蒙古语的音译。它具有悠久的历史，形成于元朝，见证了北京城的发展历程，由此而形成的胡同文化更是吸引了大量国内外游客的前往。作为"90后"的我对胡同最初的印象还停留在影视作品中，狭窄街道两旁精致的四合院、黝黑的宅门、邻里之间互相点头示意的情形以及相互交织的叫卖吆喝声与儿童的玩闹声，这些充满生活气息的场景时常让人沉醉，于是就想着有一天一定要走进胡同，看看胡同现在的模样。一次难得的机会，我参与了一次城市认知的活动，深入胡同当中感受北京的胡同文化，了解当前胡同改造的影响。

穿梭于狭长的胡同间，影视作品中的场景还依稀可见，门口几个闲聊的老人、些许孩子的打闹声以及时不时从空中传来的嗡嗡鸽子声，这种市井气息让人瞬间有种从钢筋水泥丛林里解放出来的感觉。深入胡同，便发现许多载着游客的人力车穿梭在胡同里，几乎每个车夫都会指着胡同里的门，跟游客讲着"门当户对"的由来，原来看似平凡普通的门墩与户对，实则是户主人身份地位的象征。胡同不仅是一种生活空间，而且是一座开放的博物馆，拱门、砖雕、照壁、影壁等胡同四合院构件无一不是传统等级文化、吉祥文化、民俗文化的载体。而散落于胡同里的名人故居、纪念馆又让那一段段尘封已久的名人轶事不断被唤起，走进其中，便走进了一段岁月，走进了一个人的精神世界。

除了感受传统文化，逛胡同最大的乐趣便是偶遇特色小店，咖啡馆、陶艺店、宝丽来相机店、手工艺店等，都是胡同深处的风景。每家小店都以自己或文艺复古，或充满创意，或高端时尚的风格，吸引着人们前往。对于消费者而言，特别是对于年轻人来说，这些小店提供的不仅仅

是物质层面的商品，更重要的是它是一种情感的寄托，它提供了一种当代年轻人所喜欢和追求的生活方式。

走过一条条的胡同，除了其中的乐趣，不难发现胡同风貌参差不齐的现象。虽然有保留较好的胡同，但是许多胡同生活环境差、私搭乱建多、冬天取暖困难、车辆随意停放、院子内部狭窄、只能使用公共厕所和浴池，可想而知居住在这种胡同里生活多有不便之处。因此胡同改造就显得十分必要。

菊儿胡同作为胡同改造的成功案例，其胡同外貌下良好的内部生活环境吸引了大批外国友人在此聚居，体验北京胡同生活，它已经成为北京的特色名片。为了更好地了解菊儿胡同改造的影响，我们深入其中与"土著"居民、外国游客进行了交流，以期为未来的胡同改造提供一些思路和借鉴（专栏 1-1）。

> **专栏 1-1　采访胡同里的故事人**
>
> （1）上午 10：00——"土著"有话说，来自一位原住回迁的"菊儿阿姨"的故事
>
> 问题（以下简称 Q）：阿姨您好，您在这里住多久了？
>
> 回答（以下简称 A）：我一直住在这里。
>
> Q：菊儿胡同改造前后，您有什么切实的感受吗？
>
> A：简直太好了，楼梯口都摆着花儿，环境可好了！
>
> Q：那具体有哪些改变呢？比如说之前的四合院和现在相比，空间上有什么变化呢？
>
> A：我住的房子变大了，以前就是一个小平房，现在是两室两厅，住的比以前舒服多了。
>
> Q：那生活方式上有什么改变呢？比如买菜、上班什么的都方便吗？
>
> A：方便啊，我们一出门走不到 10 分钟就能买菜、购物，公交、地铁什么的也都很方便。
>
> Q：那这些都是因为改造带来的变化吗？
>
> A：不是，不是，这些设施之前就有，我们还像原来一样生活，我送外孙子上学也很方便，这边也有学校、医院，干什么都挺方便。
>
> Q：那环境上的变化也很大吧？
>
> A：是，原来没有现在绿化多，现在院子里种的花很漂亮，以前的大树也都保留在了院子里。但是，我们平时停车有点困难，就在胡同里面，出入有时不太方便，去年有个小事故，消防队只能开小车进来，耽误了一些时间。
>
> Q：哦，是，随着大家生活水平的提高，车也多了，到处都面临停车难的难题，这确实是个小遗憾，但是总体来说，您在这里生活还是很满意吧？
>
> A：嗯，满意，我们这里是吴良镛设计的呢，还获得了很多的大奖，生活在这里真的很舒服、便利，真的舍不得走啊。

从"菊儿阿姨"的讲述当中，可以看出菊儿胡同的改造大大提高了居民的满意度。这种改造使菊儿胡同依然保留有很好的居住功能，虽然目前还面临着停车难的问题，但总体来说人们在这里居住得很舒服，它既保留了土著居民原汁原味的生活，又使环境品质有了明显的提高。

（2）上午10：15——"早点哥"的追求，来自一位拎着早点的"菊儿大哥"的故事

Q：请问您是回迁的居民吗？

A：不，我是改造后搬过来的，有十几年了吧。

Q：菊儿胡同的改造给您的生活带来了什么改变吗？

A：肯定是带来了改变，虽然我是后搬过来的，但也知道改造前的情况。环境肯定比原来的强很多，尤其是绿化环境比以前强很多。

Q：请您用一句话说说居住在这里最大的感受。

A：这里很安静，这点很难得。如果以二十多年前的标准来看，这里的环境是很不错的，又在市中心；不过时代也在变化，现在有那么多条件好的住区，这里肯定没法比，我们也希望居住环境能变得更好。

对于繁华喧嚣的北京而言，安静的环境就显得尤为珍贵，而菊儿胡同能够依旧保留着安静这一与生俱来的气质，真的很难得，这也是菊儿胡同在改造完成后还能吸引人们来此居住的原因之一。

（3）上午11：00——"搪瓷哥"的评价，来自一位喜欢建筑、低调的文艺老板的故事

Q：请问您是什么时候住进胡同的？

A：改造后第一批搬进来的，目前这里是我的店。

Q：您认为菊儿胡同改造对咱们社区的影响是什么？

A：先说好的方面吧，一是这个改造是从平面到立体四合院形式的改造，二是结构上形成了错落有致的徽派建筑，当时改善了人们的居住环境；至于问题，主要是供暖、供电改造难度大，对于这一点，我了解到政府正在完善当中，好像有些补助措施吧。

Q：听说这里好像有不少外国人租住在胡同里，对他们的进入，你怎么看？

A：我觉得没有什么太大的影响，因为中国人的同化能力太强了（大笑），目前来说我们相处融洽。

Q：谈谈居民生活的便捷度吧，你们在这里平时的配套服务怎么样？

A：基本服务都是可以的，大的一些工程还在完善当中，政府也在关注这一块。

Q：您觉得这些老外为什么选择来这里住？

A：在他们的印象里，这里"最北京"吧。

Q：南锣鼓巷的商业氛围还挺强，人气也挺高，对你们这边的生活会不会有影响？

A：目前感觉还可以，基本上南锣鼓巷的影响到前面（41号院）那里就结束了，这里依然是安静的。

Q：请用一句话评价一下这个经典的改造项目吧。

A：确实经典，但可能也仅是唯一。这么多年过后，仍然能形成这种环境和生活氛围，当然是值得称道的，不过这种改造方式可能不具有可复制性吧。还希望你们作为专业人士能探索出更好的更新方式。

这种改造方式确实难以复制，它提高了居民的居住环境和生活便捷度，同时营造出一种和谐的居住氛围，并且能够让身在其中的人认同，这便是"人本主义"的精髓。

（4）中午13：00——"歪果仁"也来啦，来自一群热情的外国青年的故事

Q：你们第一次来这里吗？你们来自哪些国家？

A：我们是北京航空航天大学做项目的留学生，来自俄罗斯、美国、日本、加拿大。

Q：你们之前听过菊儿胡同吗？

A：相对于小资的南锣鼓巷，菊儿胡同比较低调，但今天感觉这里的氛围非常宜人，是很地道的老北京四合院，很赞！

Q：你们现在住在哪？如果有机会你们会选择哪些地方？

A：我们住在附近的酒店，我也想住在这里，钻到"最北京"的片区，深度感受北京文化，菊儿胡同就是这样的经典。

与本地居民不同的是，外国人或者游客在胡同体验的是地道的北京文化以及本地居民的生活方式，在这里胡同是文化体验的空间载体，是外国人与游客了解北京文化的窗口。

从上述采访中，不难发现菊儿胡同的改造对人居环境的改善以及文化的传承都产生了积极的影响。它的改造始于20世纪90年代初，曾是北京市旧城改造的试点之一。在吴良镛先生提出的"有机更新"理念的指导下，采用"肌理插入法"对菊儿胡同进行改造，改造并没有将全部的四合院拆除，而是根据其肌理局部地以新代旧，即用"新四合院"代替原来的传统四合院。这种方式使菊儿胡同在保持了原有的街区风貌的同时，提高了居民的居住环境。菊儿胡同改造项目探索出了一种在历史文化丰富的城市中住宅建设和规划的新途径，也赢得了当地居民以及国内外相关领域的认可与赞誉。

胡同及其古建筑是城市文化底蕴和魅力所在，但并不意味着要原封不动，胡同里绝大多数民居在功能性上尚难以满足现代居住需求，更难体现其历史艺术价值。胡同应像有机体一样，处于不断自我更新的状态，达到实现居住功能性和传承文化艺术性的双重效果。胡同改造是一项复杂的工作，涉及范围广泛，不能一蹴而就，是一个逐步推进的过程。希望北京的旧城改造能实现胡同传承功能性和艺术性的良好结合，让胡同焕发新的生机和活力。

2）留住南锣鼓巷的乡愁——民生导向下的老城街区功能业态研究[②]

乡愁是什么？有人说乡愁是家门口的一棵老树、房前的一条小河、儿时的几个玩伴、家乡小摊上一碗热气腾腾的馄饨。而对于生活在胡同里的人来说，乡愁也许就是精致的四合院、胡同里清脆响亮的吆喝声。乡愁总是让人怀念和难忘，然而随着工业化、城镇化的发展，这些承载我们乡愁的东西正在逐渐消失。

留住乡愁不仅是个人的一种情感诉求，它对于一个地区的发展也至关重要。2013年中央城镇化工作会议指出要让居民望得见山、看得见水、记得住乡愁[③]。习近平总书记也曾多次提到乡愁，2014年，在考察走访南锣鼓巷时，他指出要留住乡愁留住根[④]。那么应该如何留住乡愁，促进地区的复兴呢？下面以南锣鼓巷片区的四条胡同（雨儿胡同、帽儿胡同、福祥胡同、蓑衣胡同）为例，为南锣鼓巷片区的街区复兴提出一些思考和建议。

习近平总书记的"三重乡愁"为我们如何留住南锣鼓巷的乡愁提供了思路：第一重乡愁是习近平总书记的乡愁，与人民的牵手连心，永远为人民服务；第二重乡愁是中国共产党的乡愁，党的成长历程就是一个为人民谋幸福的拼搏过程；第三重乡愁是中华民族的乡愁，这个乡愁要实现中华民族伟大复兴的中国梦[⑤]。从习近平总书记的"三重乡愁"里，我们不难发现留住南锣鼓巷片区乡愁的关键点。要促进这个街区的复兴应该做到生活提质、持续发展和文化自信。生活提质是最首要和最重要的，留住乡愁首先就应该保障和提高本地居民生活质量；持续发展是指要适当引入新业态，让居民共享本地经济发展成果；文化自信则是指要重现胡同文化气质，以文化推动居民参与社区营造（图1-1）。

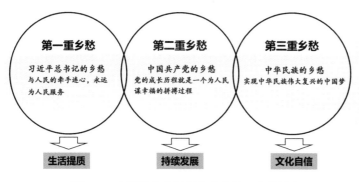

图1-1　南锣鼓巷片区留住乡愁的三大关键点

围绕"三重乡愁"，我们从历史和现在两个维度对南锣鼓巷片区进行了深度解读分析，以期找到留住南锣鼓巷乡愁的路径。

（1）析题：从历史和现在两个维度深入解读

① 记忆中的南锣鼓巷片区：四条胡同发展到现在，大致经历了四个阶段（图1-2）

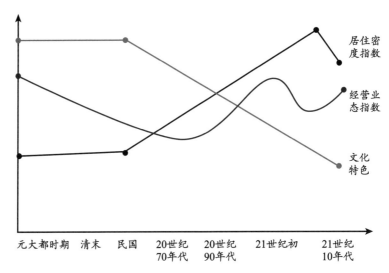

图1-2　南锣鼓巷片区发展变化

注：图中圆点表示趋势变化。

第一个阶段：悠然自得阶段。20世纪80年代前，南锣鼓巷片区的人口密度一直适中。作为纯粹的生活居住区，胡同里的业态与本地居民生活密切关联。南锣鼓巷片区自元大都至今历经700多年，文化遗存不断累积，本地居民更是胡同文化的传承者、守望者。

第二阶段：人口过载阶段。改革开放初期，京籍知青大量回城，南锣鼓巷片区的人口密度陡然增加。与之相对的是，在这个过程中胡同的业态几乎未变。激增的人口给原有社区服务的供给能力造成了巨大压力。巨大的人口压力带来的另一个后果是对原有片区设施的侵蚀，庙宇等文化遗产被破坏或挪作他用，居民与胡同文化开始出现裂隙。

第三阶段：业态过载阶段。进入20世纪90年代后，南锣鼓巷片区的旅游业发展出现跃升。和大多数旅游目的地一样，快速发展的旅游业对本地居民的生活起居造成巨大干扰。原本已经高密度的本地居住人口，叠加上激增的旅游人口使得这个片区的居住环境品质不断下降。胡同里的业态结构发生了变化，旅游关联度越来越高、生活服务关联度越来越低。尽管部分文化遗存被陆续恢复原貌，然而大多是旅游功能导向的，与本地居民的生活关联并不大。

第四阶段：全面过载阶段。2000年后，南锣鼓巷的旅游品牌不断走红，游客进一步激增，从2005年的不到6万人，增加到2009年的160万人，本地居民生活服务空间被挤占。南锣鼓巷已经是过度商业化了，南锣鼓巷片区的相关社区也面临过度商业化的威胁。近几年，在地方政府的努力下，南锣鼓巷片区已经开始了疏解工作。根据地方的惠民政策，居民自愿外迁比例达到 60%，本地居民的居住条件出现了明显提升。

② 当下的南锣鼓巷片区：新老街坊诉求各不相同，发展问题亟待解决

近年来，地方政府为改善南锣鼓巷片区的人居环境做了不少的工作。截至 2018 年 8 月，四条胡同总计腾退 407 户，完成整院腾退 12 个。已经有雨儿胡同甲 10 号、雨儿胡同 15 号旁门、雨儿胡同 15 号三个类型的试点等。不少民生改善工程也在有条不紊地向前推进，当然，在不断完善的过程中一些现实问题不容小觑。

通过调研，我们发现在南锣鼓巷片区的"老街坊"中留住居民弱势群体占比较高。在这些老街坊中，离退休人员占比 42%，贫困家庭占比 23%，老居民占比 63%。这些老街坊有着强烈的民生改善诉求，只是不同群体的诉求侧重不同。对于老年人而言，他们最大的诉求就是可以拥有一个适合颐养天年的"慢环境"。具体到社区的空间，他们希望院落里有含饴弄孙的空间、能多些生产性景观。例如，可以和孙儿玩耍的场所、可以和同龄人健身的（广场舞）舞池、可以养花种草的园地。对于其他中青年老街坊而言，他们的诉求是希望有更多的社区活动。具体而言，他们认为街边的花坛、绿篱等不如换成健身器材，希望增加社会交往场所等。而对于贫困家庭而言，他们的诉求是希望有更多本地就业机会。与"老街坊"不同的是，南锣鼓巷的"新街坊"向往的是北京原汁原味的胡同生活的体验。喝豆汁儿、吃饺子、逛天桥、看杂耍、听相声、唱京韵大鼓、遛鸟、斗蟋蟀，这些对于新街坊而言都具有极高的吸引力。当然，无论是老街坊还是新街坊，每家每户都希望能够拥有自家独立的卫生间、厨房等基本设施，而不是在院子里"共用"这些设施。综合当下居民的各种诉求，不难发现南锣鼓巷片区存在着不少现实"生活"问题急需解决。

首先，生活服务类业态较少，新老街坊的生活便利性需要提升。南锣鼓巷片区的四条胡同总体生活服务类业态偏少，其中生活服务类商店最多的帽儿胡同也仅仅只有三家社区生活类业态和两家大众餐馆，现有配套设施难以满足老街坊日常生活的需要。前文提到的留住南锣鼓巷片区乡愁第一问题——生活提质，可谓刻不容缓！

其次，南锣鼓巷片区现有居民有不少社会弱势群体，部分居民也存在就业等方面的需求。然而，当前片区能够提供的就业岗位大多和旅游休闲相关，与本地居民关联并不大。例如，南锣鼓巷片区新兴的业态中有不少以文化创意和创意休闲为主，而本地待岗人员的年龄结构和技能结构与这些业态并不符合，这就造成了街区中数量相对较多的创意类商业业态对本地居民的接纳能力较弱。

再次，普通街坊"触不到"的深厚文化难以汇聚强有力的社区凝聚

力。四条胡同具有不同的文化特色，雨儿胡同汇聚了齐白石旧居纪念馆、中国美术家协会等艺术资源；帽儿胡同名人故居密集；福祥胡同因福祥寺而得名；蓑衣胡同则保留着淑珍缝纫社等年代老店（图1-3）。为了让普通街坊认识到胡同的价值，则要以四条胡同丰富的文化为基础，通过丰富社区文化活动，提高社区居民的认同感和归属感，这样才能增强社区凝聚力。

图1-3 南锣鼓巷片区四条胡同的文化特色

通过以上对南锣鼓巷片区历史和现在两个维度的分析，我们可以发现南锣鼓巷片区的居住人口密度在显著下降，人们的生活质量在不断提升，同时南锣鼓巷片区也面临着与生活相关的服务业态较少等问题，实现南锣鼓巷片区居民生活提质还有很多事情要做；目前南锣鼓巷片区提供的就业机会与本地居民关联度不大，本地居民很难从片区发展中获益，因此增加一些与本地居民技能结构相关的业态，让居民共享本地经济发展成果对实现持续发展至关重要；近年来南锣鼓巷片区的文化特色呈现持续下降的趋势，重现胡同文化气质、减轻商业化氛围是南锣鼓巷片区发展必须要解决的问题。

（2）解题：从院落、街道、社区到街区的复兴

为实现南锣鼓巷片区街区复兴的目标，我们运用"折叠空间"理念来剖析南锣鼓巷片区多样化功能业态的复合。所谓折叠空间，在这里是指院落、街道和社区三类有限的胡同空间。针对三类不同的空间，采用不同的分策略，即院落再生"7+7"策略、街道友好"3S"策略以及社区活态"1"策略。在"折叠空间"理念与分策略的指引下，我们策划了一系列促进南锣鼓巷片区功能业态提升的重要抓手项目（图1-4）。

① 院落再生——满足居民基本生活诉求的"7+7"策略

第一个"7"主要解决新老街坊们物质生活中的7件事，即"茶米油盐酱醋茶"；第二个"7"主要解决新老街坊们精神生活中的7件事，即"琴棋书画诗酒花"。围绕第一个"7"，设计了养老驿站、家门口菜站、

方向	院落再生 "7+7"策略	街道友好 "3S"策略	社区活态 "1"策略
福祉 共享	健身花房 社区小食堂 养老驿站	健康器械 花坛座椅	可以住的 活态博物馆
发展 共创	家门口菜站 24小时杂货店 老街坊茶馆	口袋花园 可食地景 宠物粪便收集器	周末胡同市集
文化 共融	社区书房 社区放映室	墙壁博物馆	"胡同·志" 工作室

图1-4　南锣鼓巷片区重要抓手项目

社区小食堂、老街坊茶馆、24小时杂货店等重点项目；围绕第二个"7"，设计了社区书房、健身花房、社区放映室等重点项目（图1-5）。

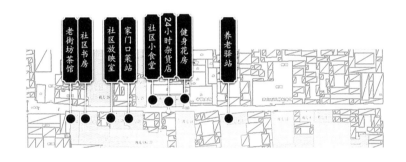

图1-5　院落再生"7+7"策略重点项目分布

　　百善孝为先，南锣鼓巷片区的老年人占比较高，因此需要给他们提供一个老有所养、老有所为的场所。养老驿站在设计时兼顾了以上两个方面，通过提供老年食堂、棋牌室、老年大学等多样化的养老服务，在满足老年人基本物质生活需求的基础上，更加注重老年人精神层面的追求。

　　家门口菜站则是出于提升居民生活便利性的考虑而设计的，为居民提供便捷的买菜服务，同时通过提供"立体移动菜园"的租赁、售后、托管服务，让居民将菜园搬回家，体验田园生活的悠闲。

　　老街坊茶馆的设计旨在为社区居民还原一处老北京最大众化的休闲场所。它以茶为主体，兼具品茶、交往、娱乐功能，定期组织演出评书、相声等中国传统的曲艺，丰富居民的业余文化、娱乐生活。

　　在建设全国文化中心的过程中，全民阅读成为北京市文化建设的重中之重。社区书房的打造为居民提供了一个阅读和学习的空间场所，按照功能将其分为亲子作业区、儿童阅读区和成人阅读区三大分区，以满足不同群体的读书学习需求。

② 街道友好——实现"3S"安全、可持续、共享的友好社区街道

在街道层面主要是通过系列微改造，例如胡同扶手、嵌入式地灯、口袋花园、墙壁博物馆等的植入，营造安全、可持续、共享的友好社区街道（图1-6）。

图1-6　街道友好"3S"策略重点项目分布

注：图中水滴形标志处为典型的街道微改造位置。这里可通过添加胡同扶手、嵌入式地灯、口袋花园、墙壁博物馆等来改善街道环境质量。

胡同扶手，主要设置在院落临街的墙体外面，如老年大学、社区百货店等老年人出入频繁的场所的周边院墙，以便于老人行走；嵌入式地灯，一方面用于夜间照明，解决社区居民夜间出行的安全问题，另一方面嵌入式地灯具有美观性和路线引导性，可以增加社区街道景观的趣味性；口袋花园，将雨儿胡同腾空或留住院落的部分空间开放，绿植采用"可食地景"，打造"可以吃的"胡同口袋花园，社区居民化身"都市农夫"；墙壁博物馆，以有偿奖励的形式动员社区居民拿出自家的"年代物件儿"，鲜活生动地展示老胡同历史，让居民共同参与胡同文化经营中来。

③ 社区活态——保留胡同文化的活态博物馆的南锣鼓巷片区

通过"1"系列项目，对社区的胡同文化进行活化展示，"1"即一个"可以住的活态博物馆"社区、一个记录美好胡同生活的"'胡同·志'工作室"（图1-7）。

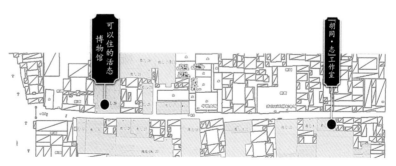

图1-7　社区活态"1"策略重点项目分布

为了让更多的人重新认识胡同文化，胡同文化的整理工作十分必要，在整理的基础上展售相关书籍，提供图书的借阅服务，打造胡同文化记录馆，从而为居民了解胡同文化提供有效的途径；考虑到每个人兴趣点的不同，不妨利用虚拟现实技术（VR）系统将游客打卡了解到的胡同历史、名人故事、建筑特色等相关信息从 VR 系统中导出，按照模板装订成册，从而形成每个人专属的"胡同·志"，实现游客将胡同文化带回家的愿望；要真正融入胡同日常生活的点点滴滴，住下来是一种很好的方式，为此我们打造了"可以住的活态博物馆"，通过限定最低居住时间，鼓励新住居民参与社区活动的方式，使更多的人能够体验胡同生活（图1-8）。

图 1-8　2018 年帽儿胡同游记

南锣鼓巷片区的调研工作让我们对当前的时代背景、发展条件下的老城区改造又有了更新、更深的认知。深入到社区中，深入到群众中，能够更好地抓住城市更新的关键问题。解决乡愁如何留住、街区如何复兴等问题的方法恰恰正是如是。

1.1.2　城墙，老城市的新空间[6]

城市是一个很有趣的有机体，在不少城市角落仍然可以看到它生长的痕迹。广州的北京路仍然保留着古代"北京路"的路基剖面。想必这条路在几百年前也曾熙熙攘攘，到了当下的社会它仍然扮演着重要的城市空间角色。对于很多城市而言，公共空间化在当前的城市遗产复兴过程中是常用的规划设计手法，城市公共遗产变成服务于大众的开放空间体。说得通俗一些，城市的历史文化遗产不仅仅需要保护和传承，而且需要为城市空间品质提升起到画龙点睛的作用。

南京的夫子庙（图1-9）、上海的豫园、扬州的东关街、杭州的清河坊（图1-10）……很多城市中都有这样一个重要的历史性公共空间。和广州的北京路相似，历史建筑并没有被完全封闭起来，而是将历史建筑与现代社会开放活动空间相融合，形成公共开放体，将历史建筑创建成一个半开放式的分享空间，在起到保护与宣传作用的同时又作用于城市功能。由此可见，具有历史特色的建筑既是宝贵的历史遗产，承载着浓厚的历史文化和城市记忆，又是颇具人气的城市公共活动中心，服务着周边社区甚至整座城市。

图 1-9　南京的夫子庙

图 1-10　杭州的清河坊

当前，关于我国城市遗产的理论研究和规划，相比于前几年均在强调保护而少有谈及遗产的转型。近几年，我国关于城市遗产的规划方式做出了相应的改变，遗产公共空间化的发展逐渐形成一种趋势。城市遗产公共空间化不单单是文物局的问题，也不单单是城建部门的问题，它需要各部门相互协作，将过去被动的城市遗产保护活化，着重思考城市遗产保护同时的转型利用。我们需要思考如何丰富历史文化遗产的单一功能，尤其是在当前社会、文化、技术、空间因素都发生根本性变化的背景下，作为城市的空间体，当然也要随之变化。让城市遗产的变化向积极的方向发展，城市遗产的公共空间化是实现这一目标的有力手段。

对于城市遗产的顺应发展与保护，以下几个国内外案例在遗产保护发展的方向上都存在不同的观点与见解：

（1）苏州老城平江路——历史街区复苏

平江路全长约1 600 m，是苏州的一条历史老街。这条傍河的小路，南眺双塔，北接拙政园，浓缩了古苏州城的典型街景。它与城市主干道也有着便捷的交通联系，从南到北依次与干将路、白塔东路和东北街三条城市干道相交（图1-11）。针对平江路的发展规划，苏州市政府在维修保护的基础上，将历史街区最大限度地公共空间化，形成历史空间共享，避免了资源的浪费。

平江历史街区在整治中采取了修旧如旧的原则，既保住了街巷旧景，也更大限度地留住了民情风貌。平江路保护与整治措施如图1-12所示。在传统文化的保护上，平江路也做了不少努力。晚清近代有不少名士寓居在平江历史街区的窄巷深宅之中，留下了许多典故佳话。他们的故居和船屋、全晋会馆等颇具特点的古建筑都被整修保护。街区中还设置了

图1-11　苏州老城平江历史街区

图1-12　平江路保护与整治措施

评弹博物馆、昆曲博物馆、书场、戏台、琴馆等，并且邀请传统艺术流派的当代传人在此授艺。借这些浸透墨香的故地复苏了姑苏城的传统文化。同时，平江路凭借水城古韵的经典空间魅力和富有意趣的多层次功能内容，在整体空间上进行了改善，很快吸引了众多游客及市民的关注和访问。他们集聚的旺盛"人气"生发出丰富的城市公共生活。原本是条普通街巷的平江路，现已不再以交通为主要功能。众多慕名觅踪来此的人已成为这里的主流，他们都是为消闲、探寻城市文化而来[1]。

（2）南京明城墙——文保单位的属性转变

明城墙是南京古都风貌的重要代表，南京的许多著名景点都与城墙相关。这座城墙以高大坚固著称，在建成初期即有"高坚甲于海内"之称，其周长 35.267 km 的规模也属世界第一。明城墙自完成以来就命途多舛、饱经磨难，不断地被破坏、损毁。尤其是 20 世纪 50 年代至 70 年代，拆城运动波及南京，保护明城墙的道路荆棘塞途。直至 1982 年 7 月，南京市人大常委会第十次会议审议通过了《南京市文物古迹保护管理办法》(以下简称《办法》)，该《办法》规定"任何单位和个人不准拆城取砖"，明城墙保护才真正进入了新的阶段。

1982 年 8 月，《关于保护城墙的通告》随即出台，明确"南京城墙是我们祖国的重要文化遗产，制止乱占、乱拆、乱挖城墙的现象"。次月，南京市人民政府又发布了《关于保护城墙的通知》，树立"保护城墙，人人有责"的思想，把保护城墙落实到实际行动中。现存的城墙残段仍有 25.091 km，有城门 13 座，其上有城楼等建筑（图 1-13）。城墙本身构造做法丰富，代表了明初的建造工艺水平，有重要的史料价值，于 1988 年被列为全国重点文物保护单位。之后，南京市城墙管理处成立，主要职责是对城墙进行维修和保护。

进入 20 世纪 90 年代，随着城市化进程的加速，作为著名历史文化名城和长三角重要中心城市之一的南京，开始在城市遗产保护中重视古部风貌

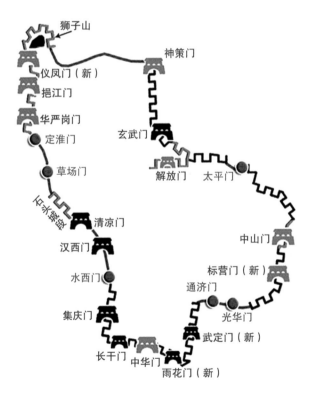

图 1-13　南京明城墙范围

注：内城原 13 座城门，分别为仪凤门（兴中门）、定淮门、清凉门、汉西门（石城门）、水西门（三山门）、中华门（聚宝门）、通济门、光华门（正阳门）、中山门（朝阳门）、太平门、神策门、钟阜门（已拆除）、金川门（已拆除）。

的完整保护和表达。1992 年，南京市建设委员会会同规划局、园林局、文化局等多个部门组织编制了《南京明城墙保护规划》（以下简称《规划》），这是明城墙历史上第一个较为全面的保护规划。该《规划》提出了"全面保护、重在抢修、整治环境、适度开发"的原则，以及建设"具有古城风貌特色的环城绿环景观带"构想。1997 年，南京市规划局组织市规划设计研究院，在文物、园林等部门的配合下编制了《南京明城墙风光带规划》（图 1-14）。由此看出此时对南京城墙已较前阶段以保护为主增加了维修整治、开发利用方面的内容，超越了一般意义的文物保护，将南京城墙作为一个"风光带"来建设，使之成为南京古都风貌的重要缩影。

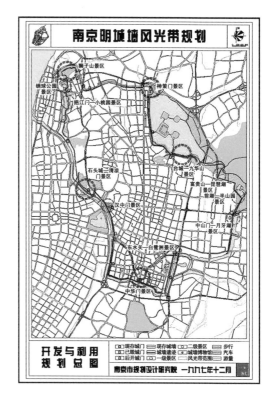

图 1-14 《南京明城墙风光带规划》
之开发与利用规划总图

20 世纪 90 年代末，快速城市化带来的城市容量极大膨胀使得城市格局做出相应的调整，河西、江宁、仙林等几个新城区的建设，将城市的格局充分拉开，从而改变了城墙的区位属性——城墙区域由过去的城市边缘变为连接老城与新城的中转地带。而多年来的景观建设也使其在生态环境和空间景观上表现出优势，从而成为邻近区域市民的日常公共活动空间。明城墙的作用不仅限于古都风貌的视觉展示，在城市中的性质也不再是旅游景点，而是逐渐成长为面向城市日常生活的开放空间。例如，近年来发展起来的明城汇和白鹭洲水街，其中公共休闲商业与文化性开放空间结合起来，使得街区的功能业态日益复合化，对市民的日常公共活动有着很大的吸引力（图 1-15）[1]。

图 1-15 南京明城墙（明城汇、白鹭洲水街等）现状

明城墙在当代城市中显现的这些作用，建立起了城市遗产保护与现代城市发展的联系，也在很大程度上改变了过去城市遗产保护的被动状态，而这实质就是一个公共空间化的过程。

（3）西班牙建筑遗产——历史建筑与城市公共空间的关联激活历史[2]

紧邻圣母广场和大教堂的阿尔莫尼那考古中心是西班牙"Z"字形城市主街的关键节点，覆盖面积约为 2 500 m²，是欧洲最重要的考古场之一。该中心重建后作为广场的下垫面，于 2008 年向公众开放（图 1-16 至图 1-18）。

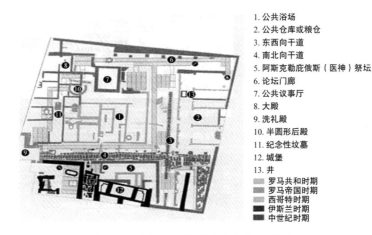

1. 公共浴场
2. 公共仓库或粮仓
3. 东西向干道
4. 南北向干道
5. 阿斯克勒庇俄斯（医神）祭坛
6. 论坛门廊
7. 公共议事厅
8. 大殿
9. 洗礼殿
10. 半圆形后殿
11. 纪念性坟墓
12. 城堡
13. 井

罗马共和时期
罗马帝国时期
西哥特时期
伊斯兰时期
中世纪时期

图 1-16　阿尔莫尼那考古中心地下层平面

图 1-17　阿尔莫尼那考古中心展厅内景

图 1-18　阿尔莫尼那考古中心地面广场

在转型改造中，为了充分发挥公共广场的自由空间属性，将遗址展示空间的高度降低使其低于水平地面，同时为了方便行人观赏，在遗址的重点区域使用玻璃铺筑，加以水幕装饰，在做到保护遗址的覆盖结构的同时也可作为城市公共广场的下垫面。改造中由于玻璃铺装的使用，将自然光线引入展示遗址，既起到了保护功能，又对广场起到美观装饰的作用。富有新意的展示方式吸引游客的参观游览，将古历史文化活灵活现地展现在世人面前，帮助人们感知文化遗址与现实城市环境的对应关系。

基于对古老的圣费尔南多修士学院的教堂废墟的保护和利用，拉瓦皮亚斯文化中心通过功能置换的模式激活空间，促成了新旧空间的融合。文化中心新的功能空间包括教学空间与图书阅读室。新建的教学楼被规划在闲置的土地上，图书馆则被规划在教堂废墟区域，修复的图书馆既能保留遗址展示的功能，又能营造和谐阅读、古色古香的氛围。显而易见，在传统建筑的修建上，新功能的诞生丰富了传统教堂的空间功能与使用功能。值得注意的是，教学空间和图书馆的新建与修复摒弃使用当时流行的建筑材料，而选择与原教堂一致的建筑材料，确保新旧空间的完美融合（图1-19至图1-22）。

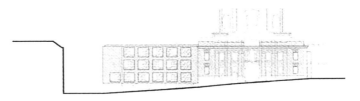

图1-19　拉瓦皮亚斯文化中心立面

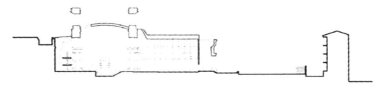

图1-20　拉瓦皮亚斯文化中心剖面

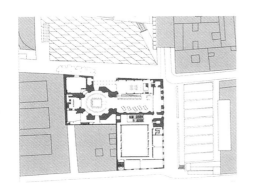

图1-21　拉瓦皮亚斯文化中心一层平面

图1-22　拉瓦皮亚斯文化中心内景

　　上述案例涵盖了历史建筑、文保单位、历史街区等类型，可以在一定程度上代表各种类型的城市遗产的复兴历程。历史建筑是一座城市的名片，旅游业成为特色城市的支柱产业。通过古建筑的魅力展示，城市名号更加响亮，旅游行业得到快速发展。开放历史建筑空间并从中获益，增加新的经济增长点，这些都体现了公共空间化的价值。其实，将城市遗产公共空间化并非只进行城市遗产的保护，也不是单纯的城市公共空间建设，而应当将这二者兼顾融通。其目标不仅是激发城市遗产的空间活力，而且应着眼于培育城市的整体效益；不仅应致力于城市遗产本身的历史文化保护传承，而且应致力于城市整体空间质量的提升。这是相关从业人员引导城市遗产保护复兴的价值取向所在。

1.1.3　作坊，匠人的城市回忆[7]

说起陶瓷业，印入脑海的除了无穷无尽的瓷砖、浴室柜、碗……恐怕就只剩下景德镇这三个字了。这座著名的"中国瓷都"几乎成了陶瓷产业的代名词。然而，中国台湾的新北市莺歌区（原名莺歌镇），历时30年，慢慢发展成为"台湾景德镇""台湾陶都""陶瓷之乡"。

在当前这个社会经济大转型的时代，中国有不少的传统小城镇都在面临着传统工业逐渐没落的困境。迫于没有足够资金和新型产业驱动，城镇难以转型升级。如果城镇一直将发展的视角停留在自身资源禀赋、现状发展产业和单一路径依赖等方面，那么它就很难突破固有的发展范式。跨界发展、创新发展，呼之欲出！针对传统产业的创新升级，我们不妨了解一下"工业遗产＋文化创意"这一新的转型方式。以台湾莺歌区的工业遗产旅游为例，梳理一下可以借鉴的经验。

（1）莺歌区陶瓷工业旅游的发展历程

莺歌区距离台北市只有40分钟的车程。这个仅有18 km² 面积的区，竟然已有200余年的陶瓷历史。莺歌区产业发展历经萌芽期、蓄势发展期、蓬勃发展期、转型期，再到后来的凤凰涅槃期，共五个阶段（表1-1）。通过循序渐进和不断创新，莺歌区才形成今天的陶瓷文化创意产业。

表1-1　莺歌区陶瓷工业旅游发展历程

时期	发展背景	发展方向	主要特点	主要产品
萌芽期	祖国大陆瓷灶窑影响	生活类陶瓷	器型单一、胎体较粗、釉色暗淡	水缸、陶瓦
蓄势发展期	制瓷机械化	生产生活用瓷	胎质细腻、釉色明亮，逐步走上精细化的道路	碗、盘、大缸等
蓬勃发展期	机械生产效率大大提高；艺术陶瓷急速发展	卫生及工业用瓷；艺术陶瓷	生产的效率大大提高，产品的质量不断提升；器型和釉色创新层出不穷，自由与奔放的创作风格逐渐显现	卫生用瓷、艺术陶瓷
转型期	减少粗制陶瓷的生产	精细陶瓷（餐具陶瓷、建筑陶瓷和卫生陶瓷）；艺术陶瓷	生产更加精细化	仿古花瓶、神像、茶壶和陶艺品等
凤凰涅槃期	陶瓷产业竞争日益加剧	日用与艺术陶瓷并重	开创了文化创新和旅游复兴的融合发展之路	多样化

（2）莺歌区陶瓷工业旅游的经验借鉴

莺歌区陶瓷产业不再局限于传统产业链的发展模式，而是在区政府的政策扶持下，将旅游业和文化创意产业相融合，深度挖掘日用和艺术陶瓷制品，开展集陶瓷制作、陶瓷文化体验和陶瓷节庆活动于一体的陶瓷主题旅游观光，将莺歌区发展成知名的陶瓷小镇。

① 政府扶持

莺歌区陶瓷产业的转型发展离不开政府自上而下的政策和资金支持。莺歌区政府不仅组织开展陶瓷嘉年华活动，延长陶瓷旅游持续时间，并出台"文化创意产业发展计划""老街再造计划"（图1-23）等一系列规划政策；同时给予资金支持，建设莺歌陶瓷博物馆，组建陶瓷艺术发展协会、陶瓷文化观光发展协会等，推进莺歌区陶瓷工业旅游的快速发展。

图 1-23　改造后的陶瓷老街

② 延伸陶瓷产业链条

陶瓷产业链的延伸主要体现在三个方面：一是开发陶瓷文化创意产品；二是丰富陶瓷文化体验；三是开展陶瓷节庆活动。

在开发陶瓷文化创意产品方面，主要表现为：开发创意性陶瓷产品和陶瓷文化衍生品，如创意陶瓷艺术品、创意陶瓷餐具和耳钉等；构建陶瓷文化商品品牌，对部分产品申请专利，引进创意作者和陶艺家；固定出版陶瓷专题季刊，以及有关展览主题、研讨会、陶艺教育等相关内容的专业书籍。

在丰富陶瓷文化体验方面，开展以教育为目的的教学互动课程，例如陶艺课、手工彩绘、陶艺故事讲坛、文艺表演等。在保护传统文化的同时起到宣传的作用，丰富陶艺知识。

在开展陶瓷节庆活动方面，主要表现为：举办国际陶瓷嘉年华、馆庆日、节假日活动，以及陶瓷音乐会、陶瓷展、陶瓷文化研讨会等，并且陶艺主题活动多彩多样、耳目一新，吸引游客参与，也让回头客感到"每次都不一样"。

③ 设计精致创意空间

建筑景观和人造景观是莺歌文化创意与旅游的结合点，造景、造产、造人是未来莺歌发展的三大方向。早期的制陶工业遗产，例如制陶工厂、当地住房等是当地的建筑景观。人造景观主要以陶瓷文化为依托，发展陶瓷周边产品，同时在空间设计上营造浓郁的陶瓷小镇场景，烘托陶瓷产业的发展地位，定位全域的空间发展。

④ 艺术与生活相结合

莺歌区陶瓷业从工厂生产慢慢向文化观光产业转型，并没有走大规模改造之路。其资源的限制反而成就了其小而美的精致化、灵活性、定制性的特色，并且将艺术创作与陶瓷的生活功能性更好地结合。

1.1.4 矿区，进化的黏黏世界[⑧]

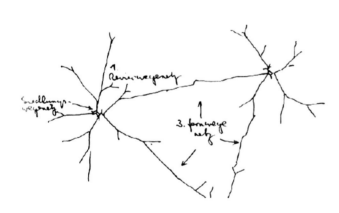

图 1-24 自然界路径延伸规律图

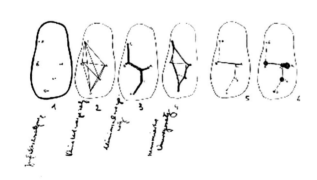

图 1-25 连接方式的演变

达尔文在《物种起源》中，阐释了优胜劣汰，适者生存的自然界法则。弗雷·奥托在《占据与连接：对人居场所领域和范围的思考》中进一步研究了经过层层进化的生物，并以类比的思路和简化的模型，将其和人工建造的城市肌理结合起来（图 1-24、图 1-25）。而在 2014 年前，我们留意到了黏菌（Slime Mold），这个充斥着整个世界的小生命。正如黑格尔的那句哲学名言——"存在即合理"，黏菌也拥有持续存在的通行证——智能的能量运输系统。它有着极强的自组织性，也就是说它可以不通过中央智慧控制，只依靠粒子群对环境的感知来决定自身的运动轨迹，而通过这种方式形成的运动轨迹呈现出一种趋利避害且能耗最低的最优路径。

黏菌的这种特性对非生物界有什么意义呢？其实科学界已

有利用黏菌的此特性来模拟城市路网，且与一些较为成功的路网有较高匹配度的实验（如美国高速公路网和大东京铁路网等）。除了模拟城市路网、对路网建设有指导意义之外，黏菌的这种特性能否被应用到矿区呢？为此我们项目组进行了一系列的实验，以期通过研究黏菌的行为和形态，将生物中的复杂性科学应用到非生物界，探究在既定环境因子下废旧矿区剩余矿物资源实现整合的可能性，并以此引导城市在空间和产业两个层面的更新。

本次我们将美国亚利桑那州矿区作为案例研究对象，希望通过研究黏菌的特性，为该矿区的发展提供一些建议。美国亚利桑那州的矿产是其经济发展的主要增长点，在空间上，铜矿走廊（Copper Corridor）（图1-26）串联众多矿物资源，包括开采后已废弃的、正在开采及未开采的资源。该地区的经济及城市发展在资源驱动型产业的主导下呈现一种单一的线性关系。而矿物资源的生命周期一般分为三个阶段，即发现、开发、废弃。相对来说，生命周期较短，开发利用方式单一。尤其是在开发的后期，当矿物资源濒临枯竭或者已经枯竭时，矿坑就会被直接废弃掉，而没有采取更加生态与有效的方式去延长其生命周期。这在能源利用上不能做到高效化以及系统化，同时废弃的矿坑也是对环境的破坏。为了探索该地区在既定环境因子下废旧矿区剩余矿物资源实现整合的可能性，项目组经过充分调研，分析了该地区的地形地貌、土壤水文等环境要素、不同种类的矿物资源要素、交通条件、城市建设空间等要素（图1-27、图1-28）。

图1-26　铜矿走廊

图1-27　亚利桑那州矿山及其供水管线

图1-28　亚利桑那州露天矿坑

接着项目组在宏观及微观两个层面对黏菌进行了实验观察（图1-29

至图 1-32），发现该实验存在以下难点：如何让黏菌"感知"城市环境因子，以实现自组织（Self-Organization）；如何将黏菌的行为模式"翻译"成可被设计师识别的语言；旧矿区的剩余矿物资源如何支撑新的城市功能和形态；从自下而上的角度来看，城市的发展如何体现在不同的信息流、物流以及人流的自组织网络中。这些难点都是我们需要克服的。

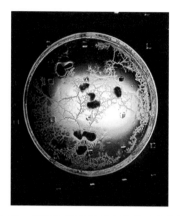 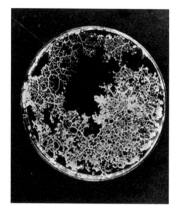

图1-29　黏菌生长宏观观察实验（有食物）　图1-30　黏菌生长宏观观察实验（无食物）

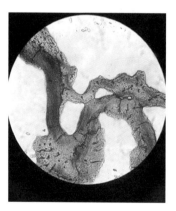 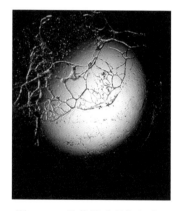

图 1-31　黏菌微观观察实验 1　　　　图 1-32　黏菌微观观察实验 2

　　为了科学地探究黏菌的行为特征对矿区剩余资源整合以及城市规划的借鉴作用，我们设计了一套参数化的自循环装置。实验第一步，采用三组（3D）打印技术将真实环境中的地形地貌模型化，以此作为黏菌生长的基底；第二步，由于黏菌喜欢黑暗的环境，因此这一步我们通过置入由扩展板（Arduino）工具控制的 22 个 ×22 个 LED 灯板（每个灯板为 1 cm×1 cm），将坡度、水文等现实环境要素信息转化为每个单元发光二极管（LED）等的亮灭，作为黏菌生长的真实环境；第三步，在装置中放入摄像头以及蚱蜢（Grasshopper，一种可视化编程语言）颜色识别算法来认知黏菌的生长状况；第四步，将麦片块作为黏菌的食物和能

量来源，麦片块的大小、颜色分别代表矿物资源的储量与种类（图1-33
至图1-36）。通过自循环装置，我们观察到黏菌能够在众多环境因素的
影响下，通过自身的运动机制来实现能量在最优路径中的交融与输送。

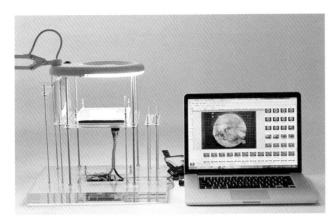

图1-33　黏菌干预区域资源分配实验装置系统

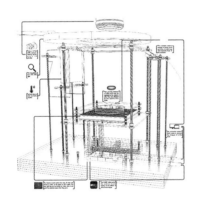

图1-34　装置分析解构图

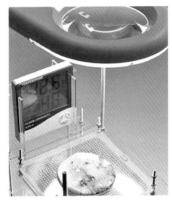

图1-35　装置部分放大图

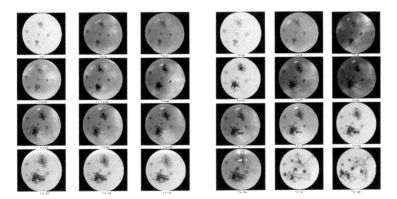

图1-36　黏菌干预实验

注：时间为168小时；湿度为70%；温度为22℃。

为了实现运动机制的可视化，项目组运用多种程序编写工具，将黏菌的运动机制理论转化为计算机可识别语言，在计算机上模拟其千万个微观粒子的运动（图1-37至图1-41）。其主要借助的工具有Processing、Grasshopper、Arduino、Rhino等⑨。

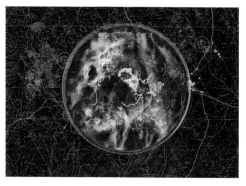

图1-37　实验成果与基础数据地图可视化对应

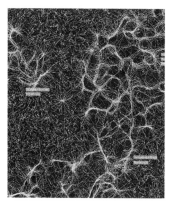

图1-38　Processing 模拟
黏菌内物质流动实验

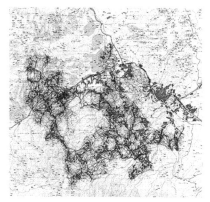

图1-39　物质流动路径可视化

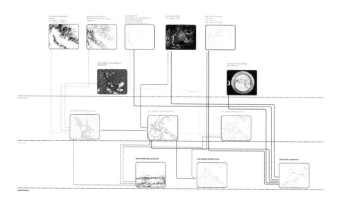

图1-40　不同阶段的数据流动利用循环分析图

图 1-41   Grasshopper 最短路径模拟

本书的结论是比较开放的，实际上仅仅是将生物界复杂性科学应用到城市规划学科上的一个探讨。但在以下几个方面，我们基于上述研究做出了更深层次的探讨：

第一，城市规划数据的获取。为了探索这个旧矿区剩余资源实现整合的可能性，前期的信息获取尤为重要。项目组经过历时一周的充分勘探调研并与当地企业沟通，获取了该区域的地质条件和矿区分布等基础信息。但仅依靠这些要素来推进项目显然不够，项目组还需要获取更多的地形地貌、土壤水文、资源储量分布、现有交通条件、城市建成区等空间要素。而对于国内来说，获取这些信息不是易事。就比如做一个总体规划，就需要和当地的规划和自然资源局、国土局、林业局、矿业局、交通局和水务局等大量政府机构斡旋，而且获取的资料很多残缺不齐或是年事已久，不具备实用性。有的地形地貌资料能从网上获取，但也仅仅是 90 m 的等高线信息，精度完全达不到设计需求。而在美国，这些信息的获取就要容易很多。政府机构和颇有社会责任感的普通市民会实时更新上述的大多数信息，并发布于网上（如美国国家航空航天局等）为大家所共享。项目组通过网络平台获取了这些要素，并将其录入地理信息系统（GIS）平台，进而形成一个涵盖大量信息的图底，为后期的设计夯实了基础。这种全面普及的由政府和市民共同参与构建的大数据平台，无疑为设计者和投资者提供了大量易于获取的信息，从而大大缩短了调研—决策周期。我们认为，如果我国能借鉴这种模式，必将引领国内设计界的一个春天。

第二，规划方式。这次研究的本质，是讨论一个智慧集权的问题，也就是说，到底是集权型的中央智慧更加适合人类社会的规划发展，还是所有单元自组织形成的智慧集合更加经得起时间的考验（本次的主角——黏菌就是一个自组织的智慧体）？从规划的角度来看，规划师在做规划时，往往都要研究各个相关领域的政策，在这些政策的指导与约束下来进行具体的工作。在很长一段时间里，无论是否有公众参与，这种类型的城市规划和发展都是"中央集中控制"。并且由于规划工作的周期性，通常一个确定的规划项目从实施到落地再到使用会持续较长的年限，在这个过程中城市本身也在发展，产生的变化有可能使得当初的规划合理性受到质疑。而黏菌的自组织性对城市规划与发展的启示，可以被看作一种智慧型城市肌理，就是让城市这个复杂的集合自己"会思考"，而这个宏观的智慧体现，就要通过城市中的微观单元的自组织行为。城市模型中的物质、信息、能量，就如黏菌的粒子一样，通过自发性的行为来改变和影响城市的发展，同时这些城市"粒子"也接受城市体系的实时更新与反馈，以不断调整优化自身的行为。因此，这个真正的自下而上的城市发展体系是动态变化、实时更新的。这次研究思考的正是这样一种自组织性的来自微生物体的机制，因此更加适合城市的发展与规划。虽然现在还没有定论，但是通过实验已经发现黏菌所能形成的系统形态，与已经出现的一些高效路网的形态能够稳合。也许，微生物看似简单的智慧，其实是经历了自然界的筛选而保留至今的，我们可以从中学到些什么。

第三，城市交通规划。城市道路是城市交通的重要类型之一，在城市道路网络的规划设计中，容易出现较多不合理的因素，如自然资源无法有效配置、交通距离浪费等，为解决这一系列问题，需要从根本上反思自工业时代遗留下来的单纯依靠规划法令和市政评估的设计方法。未来的城市规划需要完全改进之前《雅典宪章》遗留的道路规划思想，深化《马丘比丘宪章》的规划思路。为此，本书尝试基于仿生学中黏菌生长中的现象，提取其中最短路径的算法，分析其规律和方法，讨论其与城市道路运输网络之间的联系，为城市规划师利用生物算法来推进城市道路网络的优化提供理论参考。黏菌在自我生长期间，会根据周边环境条件，如温度、光照等，与自我进行信息交换，这些信息反馈到黏菌的生长轨迹上，使其被迫寻找到达目的地的最短轨迹，因此黏菌生长的轨迹就是在一定规则下形成的优化网络，即由无距离浪费的有效距离构成。本书探讨这种网络的生成方式，并尝试研究其在城市道路网络中的可应用性和可仿性。即规划师和决策者可指定一定的规则，通过条件的预设来模拟城市道路网络的生成，并对现存的城市道路网络提供优化性的参考。

1.2　让这些碎片混合成为未来的记忆[⑩]

1.2.1　城市更新所引发的混合开发思考

二战后欧洲开始了大规模的城市改造，其改造核心就是城市中心区与贫民窟。其主要策略为法律手段干预、现代主义的"高楼"取代城市中心原有的老建筑以及"消灭贫民窟"。受当时诸多原因的局限，"标准化"与"大规模改建"在一定程度上推动了二战后欧洲城市的复兴，但是同时也带来了诸多问题。芒福德就曾毫不客气地指出，"城市更新"在集中并破坏城市的有机机能。简雅各布则指出，大规模改造计划缺乏弹性和选择性，她主张"小而灵活"、多样化的开发。学术界更是提出对标准化的现代主义规划思潮进行反思，认为城市更新更应该倡导混合开发和多样性。其实，这一理论与后来的城市规划思潮一脉相承。城市更新变得更加考虑人的需要、更加考虑人本主义。

与欧洲二战后的城市更新进程相比，我国城市更新在某些方面也有着类似的经历。但是由于中国城市化进程的快速推进，在30年的时间内几乎走完了西方社会半个多世纪的历程。抛开制度性与政策性问题不说，在城市更新过程中就出现了"土地整理难、开发运营难"等"全过程"问题。

以珠三角的"三旧改造"为例[3-4]。珠三角是一个比较典型的"自下而上"的城镇化过程，柔性经济非常发达。在城市边缘甚至城市内部出现了很多的城乡融合区（Desakota）。这些地区的改造就显得尤为棘手。首先，现有"小、散、乱"的土地使用格局，以及复杂的权属关系，造成土地整理成本非常高；其次，已经形成的"自组织"黏性经济使得社区关系已经很难有"单纯功能"介入；再次，这些地区往往处于一个"各种利益诉求"交织的区域，城市更新的执行者往往很难同时平衡各方面的关系，从而造成了开发过程缓慢，甚至停滞[5]。这些现实问题当然需要从经济、社会，尤其是制度上系统解决。但就当下而言，混合开发凸显了较高的现实意义。

混合开发（Mixed Development）不是一个新鲜的概念。在规划编制过程中，尤其是在非法定规划编制过程中，混合开发用地的概念一直被广泛应用。甚至一些境外设计机构将混合用地细分为商业居住（Retail-Residential）、商业商务（Retail-Business）、商务居住（Business-Residential）、行政居住（Administration-Residential）等若干小类，造成了整个规划用地图呈现出"全混合"的奇怪现象。

当然这是一个比较极端的例子。在现实开发中，混合开发确实是一个非常普遍的手法。从最早的住宅底商开发到北京东方广场东方新天地的出现，从北京蓝色港湾开发到三里屯太古里的声名鹊起，混合开发在国内的地产开发中经历了从 V1.0 到 V2.0 的"版本升级"。

正如有些学者提出，我国城市的用地稀缺性和城市形象的诉求"催生"了混合开发的快速发展。这一"高效"的开发手段也被广泛应用在城市更新过程中。

1.2.2 城市更新中混合开发策略实证分析

（1）日本与中国香港地区的混合开发

日本最典型的混合开发是轨道交通站点周边的商业混合开发，也被称为"地铁上盖物"。这种开发模式实际上是典型的以公共交通为导向的开发（TOD）模式。在地铁沿线各个站点，对地下空间、地上建筑甚至周边区域的物业进行综合性开发，实际上也是一种城市综合体的表现形式。

中国香港地区的土地资源十分稀缺，以及香港北部地区十分严格的生态保育，促成了香港混合开发的水平之高、路径之丰富。与中国内地普遍接受的平面混合开发（即在单位土地上进行水平方向业态的分布）不同的是，香港更关注竖向的综合利用，甚至提出了垂直城市（Vertical City）的概念。香港的法定图则明确规定，高层建筑中的不同楼层会有特定的开发功能。

（2）欧洲的经验——以海牙斯普伊地区为例

海牙地处大西洋东海岸，人口约有47万人，具有700多年的悠久历史，是荷兰第三大城市和政治中心。荷兰王宫、议会大厦等政府机关，以及各国使馆都集中于此。海牙与阿姆斯特丹、鹿特丹、乌得勒支共同形成兰斯塔德都市群。

斯普伊（Spui）地区是海牙的中心区，建筑最初以造型简单、功能单一的政府办公建筑为主，后来政府认识到城市多功能开发的重要性，吸引了大量社会资金和社会力量建设了住宅、影剧院、商业、旅馆等建筑，为城市增强了活力[6]。

斯普伊地区的开发是逐步开展和完善的，先建设政府建筑，树立政府形象，之后大力吸纳外部资金进行建设。在斯普伊地区的更新改造过程中，由于政府投资的有效带动，先后开发建设了一系列的混合开发项目，例如居住综合开发项目、Hoftant商务写字楼项目、海牙市政厅和图书馆综合体等。这些都强烈折射了城市更新的多样性和混合开发的意义。

1.2.3 城市更新中混合开发的策略建议

（1）强调良好的交通通达性，倡导TOD模式

混合开发总是与交通的便利性有着紧密的联系，尤其是良好的交通通达性往往都伴随着商业零售、商务等功能的引入。交通条件直接导致的是消费人群、商务人群、投资人群的积聚。从一定意义上来说，它提供了混合开发的市场保证。

（2）业态根据市场细分细化，注重市场细分

综上所述，一定的市场需求会产生对混合开发具体业态的要求。在尽可能考虑目标客户群和市场细分的前提下，对业态的构成进行深入细致的划分。每一条在混合开发中的动线都将影响这里的市场状况，更会影响到城市更新项目的开发前景。

（3）注重业态功能多样性的同时，还应注重文化、社会等方面的多样性

城市更新除注重业态的多样性和功能上的混合利用外，还应考虑文化、社会方面的诉求。正如前文所说，城市更新地区各个方面的诉求千

奇百怪，只有同时兼顾经济、社会、文化要素，才能在真正意义上推动城市更新的进程。

（4）混合开发不能迷失城市更新中最关键的要素——文脉

历史保护与文脉传承往往是城市更新中无法回避的问题，待更新地区的现状虽然较为破败但又往往富有地方特色，甚至在延续文化方面具有"唯一性"。毫无疑问，在这种状况下，必须严格保护历史风貌、控制开发建设。但同时我们也要明确，城市更新地区肯定不是简单的保护，而是需要对它进行多样化的混合利用，以达到促进城市发展的目的。

1.3 文化创新、产业振兴与城市复兴[⑪]

1.3.1 我国城市更新现状概述

（1）城市更新的"多元"背景

国际城市更新发展迄今为止经历了三个不同的发展阶段，即以社区复兴、城市经济发展、社会福利需求为侧重点。二战后各国的城市更新更是凸显了不同的特征。可以说城市更新不仅局限于对城市物质空间的重建，而且包括对经济发展、文化发展、社区精神等方面的复兴。

与国际城市更新多元化内涵不同的是，我国城市更新的背景更趋多元化。无论是城市化水平和经济水平较为发达的东部沿海地区，还是中部、西部地区，均在不同的社会经济背景下进行着具有地域特点、不同内涵的"城市更新"。例如珠三角的"三旧改造"、成都地区的"北改"等。

（2）城市更新的若干热点方向

正是我国现阶段城市更新在快速城市化背景下呈现出的多元化现象，为规划学界带来了很多新的研究热点。首先，许多学者提出了新时期城市更新的再认识，他们分别从城市更新的动因和体制方面对城市更新路径进行了重新梳理[3, 5]。其次，越来越多对城市更新地区的制度探讨出现在了规划编制研究领域，例如对城市更新地区规划编制标准的探讨等[7]。然后，土地制度和土地政策的研究，包括城市建设用地的调控问题[8]、土地利益相关者治理问题[9]，以及城市存量土地调控[4]的制度化探讨都成了当前城市更新土地问题的焦点。最后，特殊区域的城市更新问题，如港区[10]、工业区更新[11]也成了大家关注的热点。除此之外，可持续发展背景下的城市更新，尤其是低碳设计的引入，无疑给城市更新研究增加了更多的时代感[12-13]。

（3）更新的机制：无法回避的城市更新动力问题

尽管对城市更新关注的侧重点不同，但是却很难回避当下城市更新的一个动力机制问题。对比国际城市更新发展的历程，经济振兴、增加就业机会、恢复地区活力是每个发展阶段的核心内容之一。

1.3.2 "欧洲文化之都"计划及经典案例

（1）"欧洲文化之都"计划

"欧洲文化之都"最开始被称为"欧洲文化之城"，它于1983年由希腊文化部开始举办。该计划初衷是认为文化并没有如同政治和经济那样受到足够的关注，因此需要各成员国联合开展一项计划以宣传欧洲文化。"欧洲文化之城"自1985年夏天于第一个拥有此头衔的雅典开始运作。从1999年德国举办期开始，"欧洲文化之城"改名为"欧洲文化之都"。截至2019年，已有39座欧洲城市获得了"欧洲文化之都"的称号⑫。

"欧洲文化之都"是一个以倡导欧洲文化复兴为首要纲领的计划，落实到具体的举办城市则是其城市更新改造运动。对于举办城市来说，要竭力挖掘自身的文化资源、重塑城市形象、增强城市竞争力，最终推动城市的复兴。"欧洲文化之都"已经成为一种以文化促进城市更新的成熟模式。尽管从内涵上来看它仍然是文化复兴，但是最终体现仍是落实在城市经济、社会、空间上的复兴与繁荣。

（2）格拉斯哥与利物浦经验

"欧洲文化之都"有两个较为经典的案例，即英国的格拉斯哥和利物浦改造运动。

格拉斯哥是苏格兰历史上最大的工商业城市和重要的外贸口岸，也是英国最重要的交通枢纽之一。造船业、火车制造业等重工业曾经是这座城市的支柱产业。然而由于重工业的迅速衰落，这座城市在20世纪70年代彻底陷入谷底。它在英国公众的心目中成了经济没落、环境低下、犯罪率高居不下的代名词。而1990年的"欧洲文化之都"让其脱胎换骨，重回公众视线。

在这个过程中，格拉斯哥成立了一个以经济发展为主要任务的半政府机构，主要目的就是希望通过文化引导旧城改造更新，从而吸引人们回到格拉斯哥居住、工作甚至旅游。通过对港口文化的复兴来重塑城市的进取精神、培养市民的自豪感、增强城市的凝聚力，这就是著名的格拉斯哥行动计划（Glasgow Action）。

在城市更新的过程中，格拉斯哥通过充分地发掘与利用历史文化资源，成功地重建了城市的新形象。大量老旧的城市设施在旧城改造中被赋予了新的内涵，并注入了新的功能。很多失去原有功能的传统船舶工业厂区逐渐消失，取而代之的是大量新型文化办公建筑群和高档住宅。城市综合体项目成了活跃地区经济的重要推动力。五星级酒店、餐馆、酒吧、购物场所、豪华住宅等取代了原有的旧公共建筑。很多旧工业建筑甚至成了城市文化活动空间。

在城市物质空间改造的同时，大量文化艺术活动也在如火如荼地展开。短期展览、社区艺术项目、竞赛活动都极大地提升了文化在市民心目中的地位。诸多代表本地文化精神的传统、风俗又被重新挖掘出来，形成了一种新的城市文化。

随之而来的是，人口回流与经济振兴。众多著名的跨国公司开始在格拉斯哥设立区域总部。生产性服务业，如酒店业、会展业开始复苏。1992—2000 年，约有 102 个项目在格拉斯哥落户，为城市直接创造了 2 万个职位。1993—1998 年，格拉斯哥的经济产出增加了 39.9%，商业服务业在 1991—2001 年增加了 38%。1993—2001 年，格拉斯哥国内生产总值（GDP）占苏格兰 GDP 的比重从 14.8% 增加到了 16.5%。该市每年要比其他城市多贡献十几亿英镑给苏格兰政府。格拉斯哥在 1990 年获得"欧洲文化之都"的头衔，在 1999 年获得"不列颠建筑与设计之城"的称号。1991—1998 年，到格拉斯哥的英国游客数量增加了 88%；1991—1997 年，到格拉斯哥的国外游客增加了 25%。

另一个重要案例是 2008 年的"欧洲文化之都"——利物浦。利物浦位于英格兰西北部通往大西洋的出海口，曾经是英国最重要的远洋运输港口。和格拉斯哥一样，利物浦在 20 世纪中期开始衰败，变成了政治极端主义的温床、犯罪之都、闹事之都，成为欧洲最贫困的城市之一。

"文化立市"成为利物浦发展的主线。可以说 2008 年成了利物浦脱胎换骨的转折点。大规模的公共文化设施建设和 7 000 多场活动成了城市复兴的前奏，港口兴衰的历史故事、甲壳虫乐队纪念馆等重要历史文化资源以及城市固有的水景进一步带动了城市复兴。利物浦现在的新名片是"文化之城"。这里的居民开始变得更加热爱文化艺术，博物馆和画廊参观人次增加了 10%。

利物浦的"发展与投资伙伴"计划为城市更新、文化复兴提供了动力。城市通过发展文化旅游产业，将荒废多年的阿尔伯特船坞整修一新，5 座巨大的仓库被开发成了摄影棚、博物馆、餐馆、书廊和商店，船坞本身被用来停靠游艇。在利物浦众多的博物馆里，海事博物馆、生活博物馆和甲壳虫乐队纪念馆因与现实和历史紧密相连而格外吸引人。

利物浦通过吸引房地产商，投资 7.5 亿英镑改造市中心商务区。2004 年，利物浦投资增长了 25%，就业机会新增 1 800 多个，人均收入增加了 10.9%。当巨大的钢铁蜘蛛等艺术品出现在街头时，人们都为之震惊——利物浦，又重新回到了世界的舞台。

1.3.3 "城市文化之都计划"对我国城市更新的借鉴作用

正如很多学者所提出的，我国的城市发展已经从"增量扩张"转向了"存量挖潜"[4]。相比较新城建设、新区建设，城市更新的成本无疑是比较高的。因此，探寻城市更新驱动要素的研究一直没有停止过。从广东推行的"三旧改造"可以看出，经营好老城区，让旧城"活"起来是关键！

从"欧洲文化之都"的经验可以看出，文化（虽然不是唯一）已经成为城市更新的核心驱动力之一。格拉斯哥与利物浦都牢牢把握住了地域文化中的"历史文化"符号和"国际化都市需求"两大要素。一方面可以有效形成城市文化的凝聚力，增强居民自信心；另一方面可以形成吸引力，无论是对外来投资还是游客。而这种心理认同感和归属感正是文化对于城市发展、城市更新驱动的关键所在。

1.3.4 文化推动城市更新的一般路径

如果采用文化要素驱动城市更新这一发展路径，那么其一般包含了对城市（地区）发展现状的若干假设。首先，城市或某一个片区在区域中出现了角色缺失，而这种缺失可能是因为自身发展出现了障碍，也可能是周边区域的快速发展造成了该地区的相对"滞后"。其次，正是区域角色的缺失造成了定位模糊与识别性模糊，导致了城市空间场所精神的模糊。许多拥有悠久历史的城市目前都存在这个问题，不得不说这在城市发展中是一个非常尴尬的局面。

因此，文化引导的城市更新的一般路径是通过城市文化识别性的构建，形成广泛的区域文化认同，进而吸引居住者、旅游者、企业家、投资者等来增加经济产出与就业（图1-42）。上海的新天地则是这一路径的完美体现。

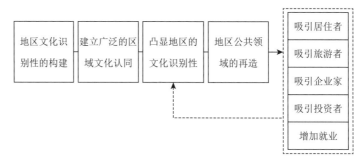

图 1-42　文化推动城市更新的一般路径

1.3.5 城市更新的文化驱动策略选择

（1）策略1：依据触媒理论，通过引擎项目拉动城市更新

"城市触媒"（Urban Catalysts）的概念[13]是由美国学者韦恩·奥图（Wayne Attoe）和唐·洛干（Donn Logan）在《美国都市建筑——城市设计的触媒》一书中提出的，它是指城市化学连锁反应。城市触媒的目的是促使城市结构持续与渐进地发展。最重要的是该触媒并非单一的最终产品，而是一个可以刺激与引导后续开发的元素。

对于城市开发难度大、潜力同样大的片区而言，真正的投资者和开发者更愿意根据开发意愿以及开发能力的大小，选择通过引擎项目促进地区开发。在具体实施中，引擎项目往往是原有的历史建筑改造。当然，这种改造是十分谨慎的。引擎项目必须小心地对历史资源进行挖掘开发，拼贴恢复原有的城市肌理，维持现有功能仅对风貌进行修缮，也就是所谓的修旧如旧。在此基础上，再根据引入具体项目进行功能性植入。

（2）策略2：历史保护、文脉传承与时代性结合

历史保护与文脉传承往往是城市更新中无法回避的问题，待更新地区的现状虽然较为破败但又往往富有地方特色，甚至在延续文化方面具有"唯一性"。毫无疑问，在这种状况下，必须严格保护历史风貌、控制开发建设。但同时我们也要明确，城市更新地区（这要与历史保护街区区别开来）肯定不是简单的保护，而是需要对它进行"活化"利用，促进城市的发展。

因此在挖掘现有资源、提升片区文脉特色的同时，富有时代感的功能引入非常关键。从目前国内上海、北京、广州等地的城市更新的成功经验来看，更新的本身除了保护城市的肌理外，更要符合当下人们生活的需要，也就是我们在前面提到的关于城市更新的第三个阶段问题。

（3）策略3：倡导针灸疗法，利用"精致空间"激活城市空间

目前对于城市更新，尤其是开发束缚较大地区的城市更新，均采用一种方法——针灸疗法。通俗一些就是，由于市场的不确定因素和现状的复杂条件，在尚未明确整体开发思路的时候，从保护的角度，尽量"少折腾"。针灸疗法采取局部空间改造的方式，通过功能植入、事件策划、文化促进的方式，推动街区的更新改造。

对于一些具有深厚发展历史的城市，尤其是"自下而上""柔性经济"突出的地区，这一策略非常实用。在长三角、珠三角，一方面城市历史较长，旧城改造难度大；另一方面民营经济发达，土地整理的成本极高。在这种状况下，更应该提倡"小""快""灵"的开发策略。对于开发改造难度小，同时不具备典型历史风貌的片区，通过新功能、新产业的注入，采取更加积极、灵活的方式重塑片区活力。

（4）策略4：物质空间改造与事件策划并重，积极推动城市文化品牌塑造

正如利物浦的案例介绍中所提到的，在城市更新过程中，利物浦先后举办了7 000多场节事活动。事件策划在城市更新过程中，起到了彰显城市文化软实力的作用。单有城市的物质空间改造还不够，还需要通过一系列的活动将城市文化宣传出去，从而真正获取更多的文化认知，推动地区的发展。

第1章注释

① 第1.1.1节第1）部分原文作者为王金朔、陈易、乔硕庆、刘晓娜修改。该章节的部分观点源自作者在南京大学城市规划设计研究院北京分院公众号发表的《走访

北京胡同儿》和《城市意象经典，根本停不下来——遇见二十载的菊儿胡同》。

② 第1.1.1节第2）部分原文作者为刘晓娜，陈易、乔硕庆修改。作者根据南京大学城市规划设计研究院北京分院团队公益调研课题《留住南锣的乡愁——民生导向下的街区功能业态研究》编写。

③ 参见2013年12月12日至13日中央城镇化工作会议文件。

④ 参见2014年2月25日习近平总书记到南锣鼓巷考察走访时的讲话。

⑤ 参见2015年春习近平总书记到陕西视察调研时的讲话。

⑥ 第1.1.2节原文作者为刘贝贝，乔硕庆、刘晓娜修改。该章节的部分观点源自作者在南京大学城市规划设计研究院北京分院公众号发表的《人气激活历史：城市遗产的公共空间化》。

⑦ 第1.1.3节原文作者为刘贝贝，陈易、乔硕庆、刘晓娜修改。该章节的部分观点源自作者在南京大学城市规划设计研究院北京分院公众号发表的《看文化创意产业如何"+"出工业遗产旅游新玩法》。

⑧ 第1.1.4节原文作者为杨楠、孙诗鸿（中非发展基金有限公司）。此为作者研究生时期的研究项目，研究小组成员为樊明婕、孙诗鸿、杨楠、周凯楷，乔硕庆、刘晓娜修改。

⑨ Processing为计算机语言，是Java语言的延伸；Grasshopper即蚱蜢（一种可视化编程语言）；Arduino为扩展板（开源电子原型平台）；Rhino为犀牛（三维建模工具）。

⑩ 第1.2节原文作者为陈易，乔硕庆、刘晓娜修改。

⑪ 第1.3节原文作者为陈易，乔硕庆、刘晓娜修改。

⑫ 参见维基百科"欧洲文化之都"。

⑬ 参见搜搜百科"城市触媒"。

第1章参考文献

［1］马骏华.城市遗产的公共空间化［D］.南京：东南大学，2012.

［2］欧阳之曦，韩冬青.在城市公共空间的关联中激活历史：西班牙历史建筑遗产保护与利用的三个设计案例解读［J］.城市建筑，2013（13）：67-69.

［3］黄健文，徐莹.对旧城改造的再认识：以广州市"三旧"改造工作为例［J］.规划师，2011，27（1）：116-119.

［4］石爱华，范钟铭.从"增量扩张"转向"存量挖潜"的建设用地规模调控［J］.城市规划，2011，35（8）：88-90，96.

［5］吴志强，王学锋，王富海，等.城市更新规划与城市规划更新［J］.城市规划，2011，35（2）：45-48.

［6］孙晖，孙志刚.城市中心发展的历史映射：海牙Spui地区城市更新评析［J］.国外城市规划，2005，20（4）：59-64.

［7］贺传皎，李江.深圳城市更新地区规划标准编制探讨［J］.城市规划，2011，35（4）：74-79.

［8］黄明华，高峰，郑晓伟.构建合理的城市建设用地调控理念：对我国当前耕地与城市建设用地关系问题的思考［J］.城市规划学刊，2008（1）：96-101.

[9]贾生华,郑文娟,田传浩.城中村改造中利益相关者治理的理论与对策[J].城市
　　规划,2011,35(5):62-68.

[10]罗倩倩,肖鹏飞.港区更新的港城融合策略研究:以秦皇岛港西港区为例[J].城
　　市规划学刊,2010(7):165-171.

[11]阳建强,罗超.后工业化时期城市老工业区更新与再发展研究[J].城市规划,
　　2011,35(4):80-84.

[12]伍炜.低碳城市目标下的城市更新:以深圳市城市更新实践为例[J].城市规划学
　　刊,2010(7):19-21.

[13]赵映辉.城市更新规划中的低碳设计策略初探:以深圳市罗湖区木头龙小区城市
　　更新项目为例[J].城市规划学刊,2010(7):44-47.

第 1 章图表来源

图 1-1 至图 1-8 源自:《留住南锣的乡愁——民生导向下的街区功能业态研究》课题
　　文本.

图 1-9 至图 1-11 源自:马蜂窝网站.

图 1-12 源自:刘贝贝绘制.

图 1-13 源自:腾讯财经《修了不让走家拥全球最长城墙大多只能看看》.

图 1-14 源自:园林企业网.

图 1-15 源自:百度图片.

图 1-16 至图 1-22 源自:欧阳之曦,韩冬青.在城市公共空间的关联中激活历史:西
　　班牙历史建筑遗产保护与利用的三个设计案例解读[J].城市建筑,2013(13):
　　67-69.

图 1-23 源自:新太源艺术工坊官网.

图 1-24、图 1-25 源自:《聚焦与连接》(*Occupying and Connecting*).

图 1-26 至图 1-41 源自:项目研究小组.

图 1-42 源自:陈易绘制.

表 1-1 源自:刘贝贝绘制.

2 城市游走，慢下来的故事空间

2.1 城市的每一处都有自己的故事

2.1.1 布城，有关信仰和态度的思考①

图 2-1 布城区位图

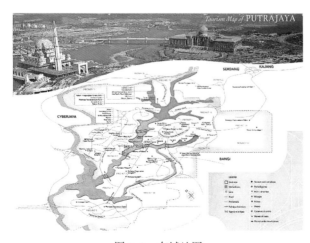

图 2-2 布城地图

北京通州行政副中心建设如火如荼，那么世界上其他国家是否也有行政副中心的建设，是如何建设的，又是否成功？下面我们一起来分析一下马来西亚的新行政首都——布城（Putrajaya）。

布城，也称"太子城"，位于马来西亚首都吉隆坡南侧约 25 km 处，紧邻吉隆坡国际机场，地理位置优越（图 2-1）。布城在建设之前是一片原始森林，拥有良好的生态自然环境。20 世纪 90 年代早期，为了应对吉隆坡经济高速增长所带来的城市土地开发压力与政府对办公空间需求的增长，政府开始着手对布城进行规划建设，因此可以说它的建设初衷是为了减轻首都压力。布城于 2001 年被设立为马来西亚第三个联邦直辖区，并且其定位为马来西亚的联邦行政中心，首相署和各政府部门目前已陆续从吉隆坡迁入布城办公，吉隆坡则完全成为经济商业中心。

布城（图 2-2）的总体规划经历了不断的调整优化与修订，但却一直坚持着田园城市与智能城市的开发主题。布城原始的自然生态环境为田园城市主题的确定奠定了非常好的基础，在规划建设中其原有的生态肌理与生态属性得到了充分的尊重。整个布城面积约为 49 km²，其中 70% 的部分是绿化种植，湖水可循环利用的生态化人工湖——布城湖（Putrajaya Lake）贯穿其中；在智能城市规划方面，布城通过不断完善通信技术与信息技术的基础设施，融入高科技元素，对城市进行高效的管理。

布城进行了全方位的开发建设，开发内容涉及教育、商业、旅游、居住、行政等方面。在城市的设计组织上，布城以 4.2 km 的中轴线的方式串联起行政办公、商业、宗教设施及景点等功能性组团，以两个相互呼应的广场（Dataran Gemilang，Dataran Putra）作为城市的起点与高潮，中间穿插有太子桥，多种风格的办公建筑、居住建筑与商业建筑作为"承接"与"转折"，并在高潮部分融入粉色水上清真寺、首相府、太子城公园等马来西亚特色景点作为结束语，这些共同构成太子城起承转合的篇章。

城市的建筑设计也充分体现了马来西亚多元文化融合的特点（图 2-3），既有现代化的商业办公大楼，也有体现马来西亚文化、伊斯兰文化的清真寺及办公建筑。

图 2-3　多元文化融合的布城

但自 2006 年基本建成至今，这座计划容纳 32 万人口的新行政中心的常住人口却仅仅只有 8 万人，居住者也多为在附近工作的马来西亚公务员。然而让我们感到奇怪的是，人们宁愿住在条件相比布城来说不尽如人意，甚至通勤时间多一个小时的吉隆坡附近，也不愿意住在布城。因此，除去游客人数，这座城市依然冷清，想要疏解吉隆坡稠密人口的目的并未真正达成。但是依托完善的基础设施与生态环境优势，布城自 1999 年总理府入驻至今，很好地发挥了它的政治职能，已然成为名副其实的国家行政中心，与吉隆坡的经济、商业职能相得益彰。

总体来说，这座城市体现着马来西亚建设智慧城市与理想城市的信仰与态度，住宅之间没有藩篱，希望人与人之间和谐相处，形成大同社会；城市建在森林与各种自然景观之中，希望人与自然合二为一；政府楼的智慧化办公，临城赛城（Cyberjaya）电子城的智慧产业，无一不彰显马来西亚对于未来城市建设的理想与信仰。

2.1.2　东京，除了爱情故事还有其他②

相信很多"80后"都对《东京爱情故事》这部日剧还有印象，这部日剧讲述了都市青年男女写实的爱情故事。电视剧的热播让人对爱情充满幻想，也对东京这座城市充满好奇，让人想一探究竟，看看东京是否如剧中所看到的那样浪漫且有秩序。带着这样的疑问，我开启了这次日本之行。随着旅行的深入，我们可以感受到日本的城市秩序随处可见。四通八达的地铁、适宜步行的街道、亲切宜人的街头绿化、清晰明确的指路标识、毫无违和感的市政家具、连贯精细的无障碍设计……无论是智慧交通还是垃圾分类系统，甚至是路边小小的井盖都体现着这个全球城市秩序的规范。

首先，值得一提的是东京的城市交通系统。公共交通是全球范围内公认的缓解城市交通拥堵的良方，其中地铁、轻轨这些公共交通方式又是上乘之选。地铁与轻轨都属于大中运量公共交通工具，相对占地少、运行准点、载客量大都是它们突出的优点。若再结合其他的交通方式换乘，则地铁与轻轨的通行优势将会进一步放大。由于公共交通非常发达，因此东京的交通状况在世界大都市中仍属于优良。做一个简单的对比，东京人口密度约为 6 000 人 /km²，大约是北京的 5 倍；机动车保有量约为 800 万辆，大概是北京的 1.5 倍。然而，东京的交通依然比北京畅通高效。

"东京网"便是缓解东京交通压力的最主要原因，东京宛如生活在蜘蛛网里的城市（有 56 条线路，北京目前运营的线路大概是 24 条）（图 2-4、图 2-5）。除了地铁和轻轨等公共交通，城市政府还鼓励市民绿色出行，做到 BMW（Bike+Metro+Walk，即自行车 + 地铁 + 步行）。以东京葛西地铁站周边交通衔接为例，自行车、地面常规公交车、地铁三种出行方式转换距离基本控制在 100 m 以内。从葛西地铁站出来即可到达地面

图 2-4　蜘蛛网

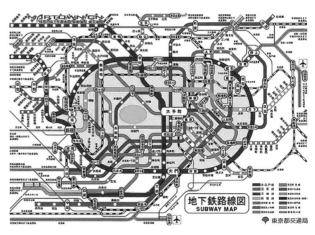

图 2-5　东京轨道交通线网

公交场站，公交场站地面拥有完整的交通标线（主要是人行横道标线），贯彻"步行者优先"的交通安全原则（图2-6）。另外，将盲道铺设到站点停靠处，并配有简易安全的休息座椅。在两种交通方式衔接处设置了配有地图和语音播报系统的交通引导设施，以方便乘客使用（图2-7）。

图 2-6　葛西地铁站周边公交场站　　　　图 2-7　葛西地铁站周边交通引导图及语音帮助系统

　　BMW模式中的自行车交通是解决最后1 km的重要手段，自行车停放即成了另一个需要考虑的问题。东京在提倡绿色出行的同时巧妙解决了自行车停放的问题，公交场站旁边不远处就是一座自行车智能地下停车场，标识清楚，操作简单。把自行车推到停放的设备上，通过存车、取车按钮可以轻松完成操作（图2-8）。另外，自行车停车场的入口台阶两侧有辅助推车的电动传送带，上下台阶也十分便捷（图2-9）。

图 2-8　东京自行车存取车设施图　　　图 2-9　东京电动辅助推车履带

　　为了在最大程度上让人们放弃自驾出行，东京还采取了一项卓有成效的交通需求管理措施——差异化征收高额停车费。这主要是根据距离车站的远近，每日征收1 400日元到4 000日元不等的停车费，折合人民币约90元至260元。较高的停车费用有效地减少了自驾车辆，促进公共交通的使用，缓解了交通出行压力。日本政府一方面提供高效、舒适、准点的公共交通，另一方面通过适当的交通需求管理在最大程度上降低私家车的出行需求。疏堵结合使得东京的交通发达，路况条件优越。

　　近距离接触城市才是真正了解城市本身的正确方法。走在东京的道路你会发现，东京街道对于步行者很友好，不用刻意去寻找，很多街道都很适宜（图2-10）。走在街道上，不用着急赶路，欣赏这里的一草一木、一花一树，体会这里的风土人情。然后你会发现一件神奇的事情：路边的街道很干净，可是很少看到垃圾桶的影子，即使有垃圾桶，也按照严格的标准对垃圾桶进行了分类，并且会有专门的工作人员进行仔细检查、重新分类整理。这是由于日本对垃圾管理有着严格标准，基本所有的垃圾都要严格按照分类在指定地点、指定时间进行回收（表2-1，图2-11）。

图2-10　东京街道

表2-1　日本垃圾分类信息一览表

垃圾类型	种类细分	举例	注意事项
可燃垃圾	不能再生的垃圾	餐巾纸	厨房垃圾需要沥干水分然后用报纸包好；食用油需处理干净，防止剩余液体流出；尖锐物品需封闭包装，防止意外划伤；喝完牛奶的牛奶盒尽量扔进超市门口的回收箱中
	厨房垃圾	菜叶、剩菜剩饭、蛋壳等	
	木屑及其他	木棒、烟头、尿不湿、干燥剂、抗氧化剂、宠物粪便等	
塑料瓶类	饮料瓶	装果汁、茶、咖啡、水等的塑料瓶	拧开瓶盖，揭去塑料的商标，用清水洗净瓶子内部，随后将瓶身压扁，最后装入透明或半透明的塑料袋里
	酒瓶	装烧酒、料酒等的塑料瓶	
可回收塑料	—	用于装酱油、食用油、沙司、洗洁精的塑料瓶属于"可回收塑料"，另外还包括商品的包装袋，蔬菜的口袋，番茄酱瓶子，洗发水，洗洁精瓶子，牙膏管等塑料	清洗并去掉粘在口袋上的东西，番茄酱等难清理的瓶子需将瓶子剪开清洗；装有食物的发泡塑料尽量回收至超市门前设置的垃圾箱
其他塑料	—	容器、包装以外的塑料、录像带、激光唱盘（CD）及CD盒、洗衣店的口袋、牙刷、圆珠笔、塑料玩具、海绵、鞋类、布制玩具等	凡物品上含有金属或陶瓷的属于"不可燃垃圾"，软管类的物品需要剪成30厘米左右的长度
不可燃垃圾	—	陶瓷类物品（碗、砂锅等）、小型电器（熨斗、电吹风）、其他（玻璃瓶、电灯泡、一次性取暖炉、一次性打火机、铝制品、金属瓶盖等）	耐热玻璃和化妆品瓶与其他玻璃瓶的溶解温度不同，可视为"不可燃垃圾"
资源垃圾	—	纸类（报纸、杂志、快递纸箱等）、金属类（贵金属与普通金属）、布类（旧衣服、旧床单等）、玻璃类（酒瓶、玻璃杯等）	硬纸箱需要折好，报纸需要用绳捆扎牢固
有害垃圾	—	荧光棒、干电池、体温计（水银体温计）等	有害垃圾与资源垃圾必须装入特殊的垃圾袋，充电电池务必回收到商铺指定的回收点，类似干电池的有害垃圾在处理中需注明"有害"

垃圾类型	种类细分	举例	注意事项
大型垃圾	—	日本《家电回收法》规定范围内的电器（电视机、电冰箱、空调、洗衣机等）、家具、家用电器（柜子、炉子、电磁炉等）、其他（自行车、音响、行李箱等）	处理大型垃圾需要打电话预约，并需要支付一定的"处理费"

图 2-11　日本垃圾分类处理

除了以上内容，日本还在很多细节方面对城市进行整改，往往这些都是容易忽视的东西，却方便了市民的日常生活，改善了市民的生活环境。如今经济发展快速的我们已经勾勒出了城市轮廓，现在需要考虑一下"井盖"的问题了！

2.1.3　巴塞罗那，奥运城市与文化复兴③

提起巴塞罗那，首先映入你脑海的会是什么？享誉全球的阳光、海滩、美女、海鲜饭？这好像都是近 20 年的印象。让我们把时间轴拉回到30 多年前：1986 年，巴塞罗那打败了阿姆斯特丹、巴黎等城市，获得了1992 年夏季奥运会的主办权。那时的西班牙，刚经历了全国范围的经济危机，还处在复苏时期。因此"绝不为 15 天的奥运会单独投资"是那时的巴塞罗那政府在奥运会场馆建设方面提出的原则，"继续改造和发展城市"是巴塞罗那奥运会筹办的出发点和精髓[1]。所以在奥运会场馆建设上，他们翻新了 10 个体育场，新建的体育场仅有 15 个，并且搭建了很多临时性场馆用于赛事，避免未来闲置浪费。奥运会场馆及相关设施的建设规划十分注重与城市本身长远发展规划的相互结合与统筹安排，并充分考虑了城市的地理、历史、文化特点。无论是有形的新建项目和旧城改造，还是无形的城市文化和精神塑造，都有效地带动了巴塞罗那的城市更新，兼顾了社会效益与经济效益。

（1）奥运会投资的分布导向

虽然还处在经济危机的恢复期，但是巴塞罗那对举办这次奥运会依然高度重视。巴塞罗那奥运会的直接及间接投资高达 11 195.1 亿比塞塔（折合

67.28 亿欧元），在当时的奥运会历史上也是规模空前的。从巴塞罗那的奥运会投资分布大致可以看出西班牙政府筹办这次奥运会的"小心思"，排在投资前三位的项目类型分别是道路交通设施、办公及商业场所、通信服务设施，运动设施仅排第五位，投资额只有道路交通设施的五分之一左右[2]（图2-12）。可以看出，巴塞罗那把奥运会投资的重点放在了加快城市改造及各类设施建设上，奥运会的筹备与未来城市本身的发展思路高度契合。

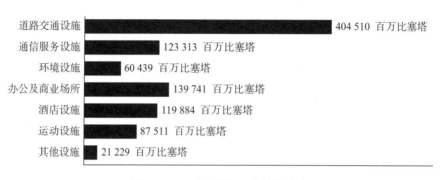

图 2-12　巴塞罗那奥运会投资分布

（2）奥运会空间的规划布局

巴塞罗那的奥运会场地规划，既"分散"又"集中"。从投资数字统计来看，仅 38.5% 的奥运投资集中在巴塞罗那城区，剩下的 61.5% 分布在巴塞罗那大都市区、加泰罗尼亚其他地区，在大都市区的巴达洛纳（Badalona）、萨瓦德尔（Sabadell）、格拉诺列尔斯（Granollers）、圣萨杜尔尼（Sant Sadurní）及卡斯特尔德费尔斯（Castelldefels）等地都设置了一部分分会场。一方面，较为分散的奥运会建设，使巴塞罗那大都市区现状发展程度不一的各个区域能有机会均衡发展，同时使奥运会开发地区的市政设施特别是排水设施都有不同程度的发展；另一方面，巴塞罗那的主要奥运会场地均紧凑地集中在蒙特惠奇山（Montjuic）（也就是奥林匹克环所在地）、奥运村、瓦尔德西布伦（Vall d'Hebron）和对角线（Diagonal）四个地区。通过图 2-13 可以清晰地看出，这四个地区恰巧都位于同一条城市环线上。这可并不是巧合，这条城市环线叫作沿海大道（Dalt and Litoral Ring Roads），正是奥运会筹备期间规划和修建的，它不仅将彼此距离约 4 km 的四个奥运

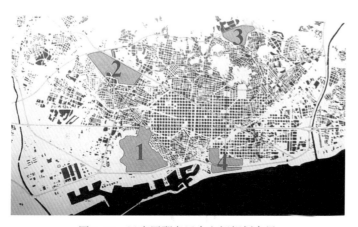

图 2-13　巴塞罗那奥运空间规划布局

会主场地有效串联起来，而且改善并提升了整座城市的交通联系。

（3）公共空间的更新改造[3]

借着奥运会的契机，巴塞罗那采取了一系列城市更新行动来升级改造城市公共空间。例如，将奥运村建在海滨地区，并耗资约 362 亿比塞塔建成了约 5.2 km 长的海滨沙滩，随后这里逐渐发展了餐饮、娱乐、休闲等产业，提供"一条龙"服务。目前，这里已成为巴塞罗那最受欢迎的区域之一。海滨沙滩的建立，大大促进了当地旅游业的发展，增加了就业机会，提供了当地居民的休闲娱乐空间（图 2-14）。又如，将荒废的旧港（Port Vell）更新改造成现代的水上娱乐中心，并建有综合商业卖场、水族馆等，使这个曾经荒废的旧港焕发新颜。

图 2-14 巴塞罗那海滨区

在奥运会筹备的 6 年期间，巴塞罗那政府对 2 000 余座建筑进行了翻新。而且政府很注重城市"广场、公园、步道"系统的建设，改造了 100 多个小广场和小公园。这些利用建筑和道路的间隙塑造的小型街心公园和公共空间，构成了体系化的景观休闲空间，减少了建筑密集感，成为硬性城市肌理中轻松明快的点缀，改善了城市环境，塑造了巴塞罗那独一无二的城市文化和品位。这些改造在 1992 年奥运会后，已经有效转化成高附加值的城市魅力价值，提升了巴塞罗那的综合实力和影响力，同时也切实为城市居民提供了交流休闲场所（图 2-15），提高了城市生活质量。

图 2-15 巴塞罗那交流休闲场所

（4）步行空间的优化提升

巴塞罗那对道路空间的升级改造也是一个经典案例。30多年前的巴塞罗那，也和大家生活的其他城市并无分别，都有很多为汽车而修的宽阔马路，筹备奥运会期间及奥运会之后，巴塞罗那政府逐步对道路进行"步行友好"改造：将宽阔马路的中间部分开辟成步行道（图2-16），增加休息和娱乐设施，主要功能类型有单一步行道、街心公园（步行＋休闲）、商业大道（步行＋商业）等。它们的共同特点是机动车道位于步行道两侧，且双向分开，单向通常只有一个车道，此举意在引导老城区减少汽车使用，营造慢行空间，同时改善城市环境。

图2-16　巴塞罗那步行道

（5）奥运会设施的赛后利用

巴塞罗那的奥运会场馆在规划建设时就充分考虑了赛后当地居民活动对场地的需求，赛后场馆利用的灵活性很强、利用率较高。政府鼓励私人投资，而由政府主导投资的体育场馆在奥运会后主要委托公司采取承租、限期买断使用、俱乐部会员制等灵活多样的形式经营。小规模的体育场馆主要用于举办体育活动、音乐会或国际性合作活动等，利用率较高，长期营利。大规模的体育馆如蒙特惠奇山的奥林匹克体育场（图2-17），一年中有2/3的时间在举办各种活动，也处于营利状态。而奥运会的一些运动基础设施和训练设施，由于奥运会筹备期间政府很有先见之明地在运动设施附近同时规划了居住用地，它们现在已成为方便当地居民使用的社区公共设施（图2-18）。政府与市场的有机结合，有效地解决了困扰历届奥运会举办城市所面临的体育场馆会后利用的问题。

图2-17　蒙特惠奇山的奥林匹克体育场

总体而言，巴塞罗那奥运会是奥运会历史

上一次巨大的成功，媒体也是好评如潮，甚至连没能最终入选的奥运会"主题曲"都红遍了大街小巷。作为一名城市规划师，我更愿意将它形容成一次"处心积虑"利用大事件带动城市更新和发展的行动。巴塞罗那奥运会对这座城市的发展所产生的积极影响，前文洋洋洒洒也提到了不少，这里简单列一张表作为结尾（表2-2），这张表主要是定性描述，有兴趣研究具体数字的给大家推荐一篇文章：费伦·布鲁内特（Ferran Brunet）的《1992年巴塞罗那奥运会的经济分析：资源、融资和影响》（*An economic analysis of the Barcelona'92 Olympic Games: Resources, financing and impact*）。

图2-18 现已为社区居民广泛使用的瓦尔德西布伦奥运会场地

表2-2 奥运会对巴塞罗那的影响[2]

经济影响	城市转型	城市建设项目	城市吸引力提升
1. 由经济危机的恢复期进入经济繁荣期 2. 可观的直接、间接奥运会投资 3. 失业率降低到历史最低值	1. 整体的城市更新改造 2. 城市公共空间的改造 3. 城市交通的改善提升	1. 居住项目（其中占最主要地位） 2. 停车设施 3. 商业场馆 4. 办公场所 5. 旅馆	1. 居民生活质量提高 2. 游客数量大幅增加 3. 大量吸引投资

2.1.4 熊本，欢迎来到萌宠的故乡④

提到日本熊本县，我猜大概没有多少人知道这是哪里。在2010年之前，对于很多日本人来说，熊本县的知名度都不是很高。但如今，对于大部分人来说，熊本熊却是他们喜欢得不得了的萌宠形象。作为熊本熊的死忠迷妹，熊本熊的周边产品已经充斥在了本人的日常生活，不只是表情包，还有各种各样的周边产品上，如手机套、抱枕、行李箱等（图2-19）。

图2-19 熊本熊周边产品

带着对熊本熊的好奇，我查阅了相关资料，了解了它的诞生以及它所在的日本熊本县。熊本县以农业为主，地方政府财力差，年轻人就业机会不多，大多选择外出工作，地方经济长时间处于低迷状态中，县内虽有"日本三大名城"之一的熊本城、阿苏山活火山、菊池溪谷以及水前寺成趣园等自然旅游资源（图 2-20），但因城市品牌影响力不足及区域交通不便等客观原因，这里始终没有形成对日本国人具有足够吸引力的旅游目的地。

图 2-20　熊本县旅游资源

　　随着 2011 年日本九州新干线的全线开通，外地游客可以更加便捷地来到九州观光旅行。较为尴尬的是熊本县并不是线路的终点站，线路终点站位于熊本县南部的鹿儿岛县（图 2-21）。熊本县政府看准交通区位的变更所带来的发展机遇，碍于自身财力有限，地方政府决定设计一个吉祥物，打算将其品牌打出，为城市代言，于是便有了我们熟知的熊本熊。

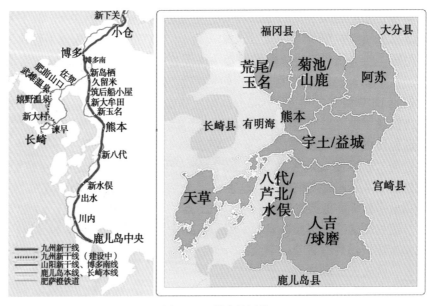

图 2-21　熊本县区位

熊本县政府深知自身旅游资源的品牌效力远远比不上周围旅游重镇，便在城市营销方面做足了功课，先后通过对吉祥物真人化、事件营销、社会活动参与、变身网红等多样化宣传方式，逐渐增加其公众曝光度，并按照标准化的要求打造个性化的品牌标识，创建属于自己的"防伪标志"，打造自己独一无二的特点。

在成功打出熊本县的城市品牌后，熊本县的旅游经济开始呈现逐年增长并持续加快的趋势，仅仅用了两年的时间就给当地带去了大约68亿元人民币的经济收益，同时衍生出的周边产品市场火爆，2014年带给当地约35亿元人民币的经济效益。随着旅游人数的上升，熊本县顺应市场的需求加强旅游景点的服务水平，将熊本熊的品牌自然植入熊本县的每个地方，熊本县就这样成了日本著名的旅游目的地。

了解了熊本县的发展历程之后，不禁想到了我国目前正在广泛关注的"全域旅游"发展战略。熊本县从一个不起眼的缺乏旅游资源的农业大县，通过吉祥物带动全域旅游景点的发展，提高全域景点的知名度，变身为如今全世界向往的旅游目的地。在我看来，我国目前有很多乡镇拥有类似熊本县的发展情况。例如，大多数乡镇拥有较为良好的发展条件，但是在规划发展中没有深度挖掘自身潜力，缺少自身特色，在一众旅游小镇中平淡无奇。因而，熊本县的创新发展对我国目前的旅游发展有着极为深刻的借鉴意义，对推进全域旅游发展有着积极作用。

在2016年全国旅游工作会议上，全域旅游作为新时期的旅游发展战略首次被提出⑤，这一概念的提出正在对我国旅游业的发展产生重大而深远的影响。所谓全域旅游，就是各行业与各部门共同参与、共同协作，将全域资源充分利用起来，带动全域旅游行业的发展，给游客提供详细的、涉及全方位的旅游观光体验。全域旅游是旅游业发展的一种新形态、新理念、新模式，也是世界旅游发展的共同规律和总体趋势，具有深远意义。

第一，发展全域旅游，从战略全局推进旅游发展，与"五位一体"建设（经济建设、政治建设、文化建设、社会建设、生态文明建设）、"五化同步"（新型工业化、新型城镇化、信息化、农业现代化和基础设施现代化）等重大战略相结合⑥，不仅仅是新的旅游发展模式，更是新的区域发展模式。

第二，发展全域旅游，是一种新的发展模式，通过整合全域资源，创建自身旅游品牌，将全域打造成优秀的旅游目的地。以全方位满足游客需求为目标，提升游客幸福感与满足感。

第三，发展全域旅游，需要上下层级共同努力，运用覆盖管理模式，构建大旅游综合管理体制，紧扣旅游这一总体定位，积极探索新的发展路径，统筹经济全方面发展，积极探索旅游发展新模式与新路径。

第四，发展全域旅游，就是在生态、文化、产业等功能和价值得以继续保持的基础上，附加旅游消费体验等新功能，形成一个多功能叠加、多价值提升的复合型空间[6]。

通过对上文全域旅游的基本解读，相信大家对于全域旅游有了一个基本认知。在我看来，"处处是风景，人人是导游"其实是对全域旅游最简单精确地解读，全域旅游其实打造的就是一个旅游目的地，而这个旅游目的地的打造需要政府、企业、社会各界群众的广泛参与和共同营造，突出体现一个"全"字。但是在中国数量众多的市县中，如何能够脱颖而出，让世界各地的游客驻足游玩才是一个真切需要思考的问题，熊本县就恰恰做到了这一点。现阶段稀缺的旅游产品是每个地方绞尽脑汁思考的事情，即便在日本，动漫产业异常发达，同质化现象严重，熊本县仍旧抓住自身特点，通过动漫IP（个性符号）+虚拟明星+旅游的结合成功打造了熊本县的城市知名度（图2-22）。

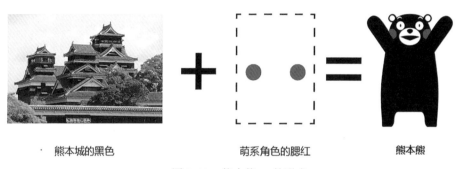

熊本城的黑色　　　　萌系角色的腮红　　　　熊本熊

图2-22　熊本熊IP的形成

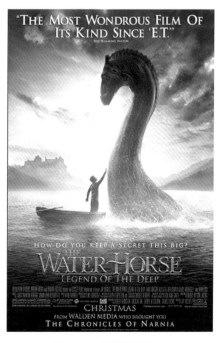

图2-23　尼斯湖水怪

作为一个缺乏旅游资源的农业县，熊本县抓住了新干线开通的机遇，挖掘自身城市特点，结合动漫IP化思维，成功创建了"熊本熊"这样一个独一无二的个性符号。成功的市场化、商品化，喜闻乐见于当今时代人们喜爱的各种生活方式中，这是特别难得的一件事情。熊本县成功塑造出的城市名片在任何角落都会出现并且持续性地拉动游客需求，无论是过去的景区景点，还是现如今的"全域"概念，都是用品牌串联起整座城市。

对于如今国内的众多城市，虽然每个地方的文化博大精深，不论是否是景区都能深入挖掘出很多文化故事与历史记忆，但真正可以形成品牌的确是寥寥无几。在世界范围内，除了熊本熊之外，做得特别成功的城市营销还有我们熟悉的尼斯湖水怪（图2-23）。尼斯借助尼斯湖神秘的水怪这一噱头，成功地将来苏格兰老城旅游的游客吸引到尼斯湖游玩，取得了良好的宣传力度和经济效益。

全域旅游是我国旅游业发展准确定位的重要引导，实现旅游服务、旅游产品、旅游体验的全面是每座城市在全域旅游战略提出后都应该牢牢把握的基石；吸引广大旅游群众，创造独特的旅游体验，满足不同受众的旅游需求是核心和关键。我们不需要刻意去模仿熊本县的动漫符号或者尼斯湖的悬疑符号，而应该深入结合各地不同的条件及面临的时代机遇，挖掘自身发展潜能，打造属于自身的城市品牌，才会走出特色旅游发展路径。

2.2 来一场暂别城市的近郊冒险

2.2.1 野奢酒店，我想去的地方⑦

厌倦了城市的繁华喧嚣、快速的工作节奏以及每天两点一线的生活，就一直想象着去找寻一个可以让心灵诗意栖息的地方，一个能静享大自然的地方，一个高品质的度假地。带着这样的期待打开各种旅行应用程序（App），去搜索这样的地方。

让我感到惊喜的是，在这次搜索中接触到了一个新的词汇——"野奢"。什么是"野奢"呢？顾名思义从字面上来理解，"野"即自然，它指的是生态环境良好，且具有天然美景的地方。而"奢"则代表着高品质，它有两方面的含义：一方面指的是物质上的"奢"，即舒适的度假体验、完善的休闲设施以及良好的服务水平；另一方面指精神上的"奢"，在这里可以体验到艺术、文明与自然的完美结合，获得精神上的享受。"野奢"所传达出来的理念正好契合了人们对度假地高品质的需求。随着我国经济的发展和人民对生活品质要求的不断提高，野奢酒店日益风靡，逐渐受到高端度假人群的青睐。那么野奢酒店应该如何去打造呢？下面以我国野奢酒店的代表裸心谷为例，做一些具体的介绍与分析。

裸心谷（图 2-24）位于浙江省德清县莫干山山谷，占地约 300 亩（1 亩 ≈ 666.7 m²），距离上海两个半小时车程，距杭州半小时车程，交通区位优势明显。2011 年，裸心谷以其独特的定位和高品质的产品带动了莫干山地区全域的旅游休闲度假市场的发展，并成为莫干山地区的代名词。"心向自然，返璞归真"的理念吸引着度假人群前往，2016 年入住宾客达到 25 万人，如今它更是成为德清莫干山地区纳税第一名。

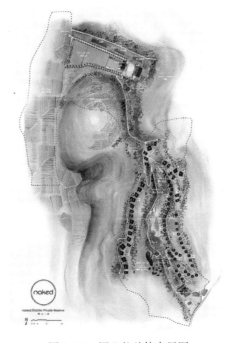

图 2-24 裸心谷总体布局图

从产品形态方面来看，裸心谷意在通过农田、茶园、马场、山谷等几大要素营造一种简单回归的状态。在项目创作之初，它采用了不同于常见度假酒店的规划模式——分散式的规划。在这种规划模式下，产品如同珍珠散落在整个山谷当中，形成错落有致的空间形态。为了让人与自然融为一体，规划充分将山谷、池塘、溪流、树林等不同景观要素与居住体验进行充分融合。

从产品结构来看，裸心谷以住宿产品为其核心产品，并配有相应的休闲服务设施。其中住宿产品由夯土小屋与树顶别墅构成（图2-25），总共有121间客房。休闲服务设施主要包括跑马场马厩、游泳池、餐厅、会议中心、水疗（SPA）康体中心、有机农场和活动中心等（图2-26至图2-28）。与其他度假村不同的是，在裸心谷，没有印象中度假村应有的KTV（配有卡拉OK和电视设备的包间）、桑拿房、棋牌室等娱乐项目，而是与自然十分亲近的项目，这些项目的设计也正是其回归自然理念的一种体现。

图 2-25　裸心谷夯土小屋与树顶别墅

图 2-26　裸心谷骑马体验

图 2-27　裸心谷采茶　　　　　图 2-28　裸心谷游泳池

看到 App 上的介绍文字和实景图片，便按捺不住去体验的心情，但同时本着规划师的职业操守，我也在考虑这样的开发对环境是否造成了破坏。随着了解的加深，我发现裸心谷的开发全程秉承着绿色生态的工程设计理念，它整体的设计布局都顺应当地原有的自然景观，正因为如此，它所建造的树顶别墅就像在树上一般真实，它的露天剧场顺应天然梯田成为观众席（图 2-29、图 2-30）。为减少对自然环境的破坏，它采用了高效环保的建筑技术，如树顶别墅的建造采用了结构保温板（Structural Insulated Panels，SIP）的建筑技术；除了先进的建筑技术，裸心谷还充分利用了当地资源和传统的建筑工法。这种生态环保的理念与做法，也使裸心谷获得无数认可，2013 年它荣获绿色建筑国际奖项能源与环境设计先锋奖（LEED）最高荣誉铂金认证。

图 2-29　裸心谷树顶别墅

图 2-30　裸心谷露天剧场

裸心谷将客户定位在中高端，以上海客户为主，辐射长三角地区。它能够为 200 人以上的公司团队提供团队建设和会议服务，因此吸引了大量的企业客户。中高端客户群体的定位也意味着它的高价格，它平均每晚的价格都在 5 000 元左右。

裸心谷作为我国野奢酒店的代表，它给人们提供的不仅是优美的自然风光与高品质的酒店，更重要的是一种回归本质、返璞归真，让人们可以远离喧闹都市，与自然融为一体的生活方式，而这种生活方式正是我们所向往的。

2.2.2　近郊的在途旅游和营地度假[8]

随着国民人均收入的增长，社会消费水平的提升，旅游消费偏好也随之呈现出"绅士化"的趋势。作为这一趋势下的典型代表之一，自驾游在中国旅游界方兴未艾。以来自城市中高收入水平、中高教育水平的中青年游客为主要力量，自驾游呈现出明显的中产阶级消费特征，并形成了独特的消费倾向和空间分异。其灵活性、体验性、便捷性的特征，与主导游客的阶层引领性特征，使得其潜在市场日益扩大。自驾游的发展催生了我国在途旅游与营地度假的发展，下面我将围绕在途旅游做一些具体的分析。

1）在途旅游的发展背景

（1）全球化与新常态背景下的中国旅游开始进入休闲体验时代，人们需求开始转移

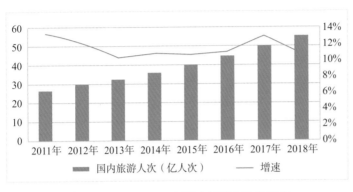

图 2-31　2011—2018 年国内旅游人数及增速

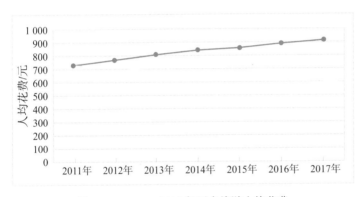

图 2-32　2011—2017 年国内旅游人均花费

近年来我国国内旅游人数呈现稳步增长的态势（图 2-31），2018 年，我国国内旅游人数达到 55.39 亿人次，旅游需求旺盛。国内旅游人均花费逐年增加，由 2011 年的 731 元，增加到 2017 年的 913.03 元，增长了 25%（图 2-32），人均消费强度不断提升。与旺盛的旅游需求对应的是我国居民的休闲时间不断增加，"带薪休假"制度日益完善，这些利好条件为人们出游提供了保障。与此同时，走马观花式的旅游方式已经不能满足大众的需求，以休闲度假为目的的旅游方式日益受到人们的青睐。中国旅游研究院的相关数据显示，2010—2017 年，我国以休闲度假为目的出游的城镇居民比例由 25.0% 上升到了 30.1%，农村居民同一时间段这一比例从 6.0% 上升到了 20.7%，由此可见我国已进入休闲度假旅游快速发展的阶段，各类休闲度假旅游需求快速增长。

（2）国家不断推出对旅游休闲度假以及营地建设的政策支持

① 2009 年《国务院关于加快发展旅游业的意见》（国发〔2009〕41 号）：把旅游房车纳入国家鼓励类产业目录，进一步完善自驾车旅游服务体系。

② 2013 年《国民旅游休闲纲要（2013—2020 年）》（国办发〔2013〕10 号）：落实《职工带薪年休假条例》，推进具有中国特色的国民旅游休闲体系建设。

③ 2014 年《国务院关于促进旅游业改革发展的若干意见》（国发〔2014〕31 号）：简政放权，发展休闲度假旅游、乡村旅游、研学旅行、

老年旅游、森林旅游；建立旅居全挂车营地和露营地建设标准，完善旅居全挂车上路通行的政策措施。

④ 2015 年《国务院办公厅关于进一步促进旅游投资和消费的若干意见》（国办发〔2015〕62 号），在时间节点以及量级规模上对自驾车、房车营地做出了明确要求：加快自驾车房车营地建设。制定全国自驾车房车营地建设规划和自驾车房车营地建设标准，明确营地住宿登记、安全救援等政策，支持少数民族地区和丝绸之路沿线、长江经济带等重点旅游地区建设自驾车房车营地。到 2020 年，鼓励引导社会资本建设自驾车房车营地 1 000 个左右。

⑤ 2016 年国家旅游局、公安部、交通运输部等十一部委联合发布《关于促进自驾车旅居车旅游发展的若干意见》（旅发〔2016〕148 号）：要加强对风景道和网络化服务体系的规划指导，加快营地建设，完善公共服务体系，逐渐构建和完善自驾车房车旅游服务体系。

⑥ 2017 年《"十三五"现代综合交通运输体系发展规划》（国发〔2017〕11 号）：要大力发展自驾车、房车营地，规划建设一批航空飞行营地、汽车综合营地、山地户外营地和徒步骑行服务站。

⑦ 2018 年《文化和旅游部关于提升假日及高峰期旅游供给品质的指导意见》（文旅资源发〔2018〕100 号）：加大旅游新业态建设，着力开发文化体验游、乡村民宿游、休闲度假游、生态和谐游、城市购物游、工业遗产游、研学知识游、红色教育游、康养体育游、邮轮游艇游、自驾车房车游等。

2）在途旅游及其产品的发展现状

自驾游是欧洲的主流休闲方式，也是美国最主要的旅游文化。伴随着私家车的普及以及公路里程的增长，我国自驾游市场增长迅速。2018 年底，我国汽车保有量达到 2.4 亿辆，其中小型载客汽车保有量突破 2 亿辆（图 2-33），高速公路总里程突破 14 万公里，从而为我国自驾游的开展提供了基础条件。中国旅游车船协会数据显示，2018 年，我国自驾游已达 35 亿人次，而这一庞大的规模将产生更大的自驾游消费市场。就客源地而言，自驾游市场客源地依旧是北上广等经济发达的城市，而以南京、沈阳、成都等为代表的新一线城市，正在逐渐加入自驾游主力军的行列。

营地因能够满足人们户外休闲、家庭聚会以及野奢的独特体验，日益受到人们尤其是自驾游客的喜爱。世界营地建设起步于 19 世纪，经历了萌芽阶段、快速发展

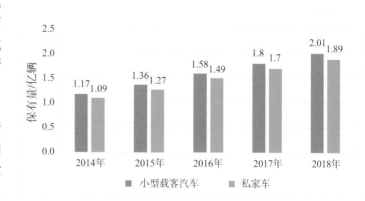

图 2-33　2014—2018 年小型载客汽车和私家车保有量

阶段和成熟阶段（图2-34）。我国汽车营地发展起步较晚，相比国外发展进程，晚了90年。因此国外自驾车营地发展较为成熟，我国相对滞后。美国和欧洲的露营地数量及房车保有量占到全球的85%，我国远低于国际平均水平（图2-35、图2-36），发展潜力巨大。与此同时，我国的露营地发展速度很快，处于高速发展时期，截至2017年底，我国建成露营地1 239个，远远高于2015年的255个。从地域分布来看，我国露营地分布不均衡，集中分布于华东和华北地区，这些地区同时也是露营地的主要消费区域（表2-3）。

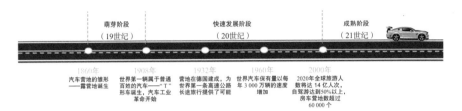

图2-34　营地建设三大发展阶段

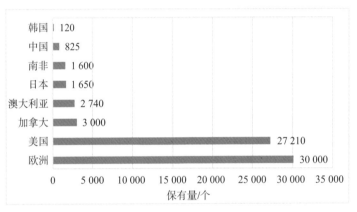

图2-35　2017年世界部分地区露营地保有量

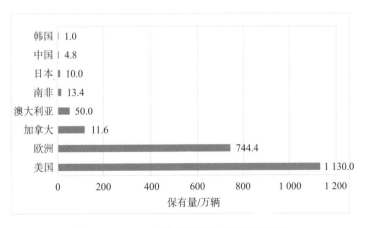

图2-36　2017年世界部分地区房车保有量

表 2-3　2017 年底我国部分地区露营地数量统计（包括已建成及在建）

省市区	数量 / 个	省市区	数量 / 个	省市区	数量 / 个
黑龙江	32	福建	56	云南	46
吉林	23	江西	30	贵州	30
辽宁	21	安徽	30	四川	61
河北	74	上海	25	西藏	20
天津	18	河南	28	陕西	30
北京	117	湖北	65	宁夏	10
内蒙古	84	湖南	33	甘肃	49
山西	11	广东	60	青海	32
山东	44	广西	25	新疆	41
江苏	53	海南	31	—	—
浙江	71	重庆	23	—	—

3）旅游营地类型与发展趋势

通过对国内外旅游营地发展情况的分析，并结合我国的市场环境与人们的出游选择，对旅游营地的类型与特征进行分类，我国在途旅游营地可以分为度假营地、休闲营地、服务营地三个类型（图 2-37 至图 2-40）。

图 2-37　在途旅游营地类型

图 2-38　度假营地模式图

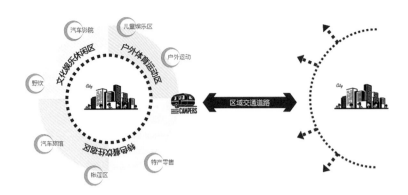

图 2-39 休闲营地模式图

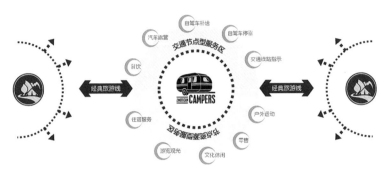

图 2-40 服务营地模式图

从国内目前的自驾游发展现状来看，除了交通基础设施遇到了明显的瓶颈以外，自驾群体独特的、成体系的、成规模的配套服务不足，成了系统发展的主要障碍。在这种情况下，汽车营地的建设，一方面有庞大的潜在市场和政策作为依托，另一方面应针对性地构建配套服务系统，以引导消费、打开市场。

我国营地建设发展将日益呈现出品质化、产品多样化、营利途径多元化等趋势。2019 年文化和旅游部发布了《自驾车旅居车营地质量等级划分》，将营地划分为三个质量等级，从 3C 到 5C，等级越高说明营地的建设越完善。这一举措改变了长期以来营地建设无序粗放的发展状态，为品质化营地的打造提供了可供参考的标准和依据。露营正在成为人们休闲度假的方式，而围绕露营地衍生出来的餐饮、户外拓展、休闲运动等"露营地+"将成为受大众欢迎的休闲产品，因此营地必须改变单一的产品结构，构建多元化的产品体系。营位出租一直是我国营地收入的主要来源，占到总收入的 60%，而随着营地提供产品的日益多元化，营地的营利途径必将更加多元化，收入结构更加合理化。

2.2.3 电影故事中的那些国家公园⑨

看到这个画面你一定既熟悉又陌生，熟悉阿甘执着奔跑在路上的场景，陌生这里到底是哪里，景色竟然可以美到打破自己的想象。老实讲，这是我看《阿甘正传》以来印象最深的画面（图 2-41），就像台词里说的——"我分不清哪儿是天，哪儿是地，真是美丽"。从那以后，国家公园这个"看得见"的概念就一直留存在脑海里，然而这只是一个开头（图 2-42 至图 2-44）……

图 2-41 《阿甘正传》电影画面

 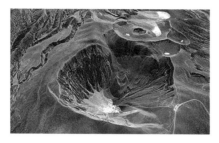

图 2-42 《星球大战》外星地貌取景地——美国死亡谷国家公园

图 2-43 《127 小时》地貌取景地——美国峡谷地国家公园

图 2-44 《2012》火山爆发取景地——美国黄石国家公园

真正把这个"看得见"的概念转化为"看不见"的认知基于我们接触的一个规划项目，在做规划之前，我们对国家公园以及我国国家公园体制建立的相关内容进行了较为详细的研究，在此与大家分享一些心得。

（1）国家公园的定义

世界自然保护联盟（IUCN）对国家公园的定义为：用于生态系统保护及娱乐活动的保护地——天然的陆地或海洋，即为现代人和后代提供一个或多个生态系统的生态完整性；排除任何形式的有损于保护管理目的的开发或占用；提供在环境上和文化上相容的、精神的、科学的、教育的、娱乐的和游览的机会⑩。这里有两点需要说明一下：① 世界上最早的国家公园出现在美国，就是《2012》中的火山爆发取景地——黄石国家公园；② 国家公园体系出自 IUCN（表 2-4），上述定义经过不断完善和发展于 1994 年得到各国认可和接受。

表 2-4　IUCN 保护地管理体系

类别代码	类别名称	主要目标
类别 I a	严格自然保护区	主要用于科研
类别 I b	原野保护地	主要用于保护自然荒野面貌
类别 II	国家公园	主要用于生态系统保护及娱乐活动
类别 III	自然纪念物	主要用于保护独特自然特性
类别 IV	栖息地 / 物种管理区	主要通过积极干预进行保护
类别 V	陆地 / 海洋景观保护地	主要用于陆地 / 海洋景观保护及娱乐
类别 VI	资源保护地	主要用于自然生态系统持续性利用

（2）国家公园的内涵

通过对上述定义的解读能够看出国家公园的内涵和宗旨就是对自然资源的高效保护和对生态环境的适度开发，保护和适度开发不是相互排斥、对立的关系。较小范围的适度开发有利于实现大范围的有效保护，这种开发利用方式在保证生态系统完整性的同时，又为大众提供了一个拥有旅游、教育、科研、游览等功能的场所，实现了其价值利用的多元化。

（3）世界国家公园体系的共性管理优势

① 以保护为主的管理理念

国家公园经营的主要目标是保护和传承自然资源和文化资源，在此基础上为公众提供休憩教育等机会，更多的体现其公益性。

② 单一高效的管理机构

国家公园的管理主体是单一的，不管是中央直属还是地方自治，也不管管理部门隶属于谁，比如美国的国家公园管理局、德国的州林业部门、英国的"环境、食品和农村事务部"、日本的环境厅[4]等。

③ 持续有力的管理资金

国家公园运营的主要资金来自政府拨款，门票收入及商业开发收入占比较少，在美国，联邦政府每年对国家公园的拨款占比达到70%[5]。与此同时，公园门票普遍较低，大部分国家公园一次付费可以七天之内往返出入，有的甚至完全免费。

④ 严格有序的管理保障

发达国家对国家公园的重视程度从立法层面就可以看出，通常按级别高低可以分为法律、法规和规章三个层级，同时对国家公园的任何决策都无一不是按照法律规定的程序来进行。

⑤ 特许经营的管理方式

国家公园的设立不以营利为目的，因此在有些国家的国家公园内部不存在营利性质的经营活动，而若存在经营活动，则大多采取特许经营制度，即政府针对国家公园内的服务设施等公开向社会招标，由作为第三方的企业来提供设施的经营，政府承担资源保护、管理以及监督的职责，以达到所有权和经营权的相互分离。

（4）我国国家公园体制建设的探索历程

我国国家公园体制的探索早在2007年就已经开始，虽然没有书面提出体制改革，但在某些层面已经有了一些试验和探索。为了鼓励国家公园建设，国家陆续出台了一系列政策。

2013年，党的十八届三中全会审议通过的《中共中央关于全面深化改革若干重大问题的决定》在加快生态文明制度建设中提出"建立国家公园体制"，这是我国首次在正式文件中提出建立国家公园体制。

2015年4月，《中共中央 国务院关于加快推进生态文明建设的意见》提出，建立国家公园体制，实行分级、统一管理，保护自然生态和自然文化遗产原真性、完整性。

2015年5月，《关于2015年深化经济体制改革重点工作的意见》提出，在9个省份开展"国家公园体制试点"。

2015年10月，《中共中央关于制定国民经济和社会发展第十三个五年规划的建议》提出，将整合设立一批国家公园，这表明在"十三五"期间，体制试点将正式转化为国家公园。

2017年9月，《建立国家公园体制总体方案》提出，建立统一管理机构，分级行使所有权，合理划分中央和地方事权，构建主体明确、责任清晰、相互配合的国家公园中央和地方协同管理机制。

国家公园说到底是一种自然和文化遗产保护地，上文提到世界自然保护联盟对遗产保护地有一个划分标准和体系，我国对保护地也有一套自己的划分标准，大致可以分为风景名胜区、自然保护区、地质公园、森林公园、湿地公园等，同时又有国家级和省级之分（表2-5）。

表 2-5 我国遗产保护地类型

国内保护地	风景名胜区	自然保护区	地质公园
类型	12 类，如山岳类、江河类、湖泊类、岩洞类、海滨海岛类、特殊地貌类、历史圣地类等	9 类，如森林生态、内陆湿地、草原草甸、海洋海岸、荒漠生态、野生动物等	9 类，如地层学遗迹、古生物遗迹、构造地质遗迹、丹霞地貌、雅丹地貌等

注：森林公园和湿地公园的类型划分尚有学术争议，在此不再叙述。

其中，我国自然保护区、地质公园、森林公园等强调整体严格保护，风景名胜区更多地侧重于开发。自然保护区的景观价值不一定高，它更多地侧重于保护生态系统及生物多样性。

（5）我国国家公园体制建设的必要性

目前我国遗产保护地在管理方面存在一些问题：首先，不同种类的遗产保护地存在空间与管理的交叉，保护效力低下。从我国各类保护地的建设现状来看，环保、林业、国土、水利、旅游等部门都以不同的标准建立了不同类型的保护地，并且在一定程度上行使管理权，在空间层面上有重叠，在职能上有交叉，这就造成了遗产保护地管理上的混乱与低效。其次，我国遗产保护地与其他性质的开发用地存在空间重叠和管理矛盾，保护作用形同虚设。除遗产保护地之外，我国有大量的旅游景区，并设有质量等级标准，从高到低依次为 5A 级、4A 级、3A 级、2A 级、A 级旅游景区，其中 5A 级景区既代表了世界级旅游品质，也是中国旅游精品景区的标杆，突出以游客为中心，强调以人为本的理念。国内大量风景名胜区同时也是 5A 级旅游景区，以自然风景和历史文化遗迹保护为主的理念与以人为本的理念存在矛盾和冲突。

国家公园体制建设的优势：国家公园体制的建设不但能够加强生态环境的保护，而且可以作为生态文明建设和自然文化遗产保护的重要手段。表 2-6 将国家公园与风景名胜区进行比较，从而从根本上厘清我国的保护地体系。

表 2-6 国家公园与风景名胜区比较

共同点：1. 国家为保护本国珍贵且独特的自然风景资源和历史文化景观资源，同时向社会大众提供游憩场所，并保证国家资源永续利用的手段和模式
2. 资源分类基本一致，主要分为自然资源和人文资源（考古、文化、人种、历史建筑、风物遗迹等）

对比	国家公园	风景名胜区
资源利用情况	以严格的全国性意义、适宜性和可行性标准将自然、人文资源纳入国家公园体系，旨在保护珍稀独特的资源财富，保证大众对其可持续享受和利用	根据资源本身的稀缺性、观赏价值、历史价值等将风景资源划分为不同景区层次和保护级别，但偏重于资源环境对人类的服务功能，较大限度地开发资源的游憩功能，有一定的片面性和功利性
保护管理模式	制度层面（机构、资金、法律）：中央集权管理模式 技术层面：分区技术（自然资源与游憩利用） 社会层面：拥有悠久的自然保护传统和广泛的社会支持，公民环保意识较高，公益性占绝对地位	制度层面（机构、资金、法律）：条块分割与职责同构的管理模式 技术层面：有功能分区、景观划分、保护分区三种分区方式，并按照资源特点、珍惜程度、敏感性等进行分类和分级 社会层面：大众观光、游憩的主要场所，主要参与主体是政府、景区管理部门和企业，当地居民参与度较低，私有色彩较重

（6）我国国家公园探索实践

① 我国首个以政府为主导的普达措国家公园

普达措在发展之初通过引入国家公园的概念取得了经济发展和生态保护的双重成效，但随着经济结构的转型和社会的发展，其在公园制度、管理运营和资金筹措等多方面暴露出了问题（图2-45、图2-46，表2-7）。

图 2-45　普达措国家公园

图 2-46　普达措国家公园布局图

表 2-7　普达措国家公园优劣势对比

优点	不足
1. 在经济上，变"伐木财政"为旅游收入，带动经济快速发展；	1. 在资金上，地方政府财政拨款及企业投融资不足，资金压力大；
2. 在生态上，通过建设国家公园来保护当地独特资源进而使其可持续发展；	2. 在制度上，国家公园与自然保护区存在交叉重叠，法律体系混乱；
3. 在社会上，当地居民自觉形成保护意识，地方文化特色得以保留；	3. 在社会上，游客日益增多，人类活动对生态系统产生直接干扰；
4. 在管理上，提高了保护区保护、科研、检测、宣传的能力；	4. 在管理上，管理条块分割，保护与开发分家，缺乏有效的监管机制；
5. 在规划上，通过严格划分片区实现保护利用的双重功效	5. 在运营上，国家公园管理局、旅游公司、社区居民存在利益博弈

② 以深入探索适合我国国情建设和管理体制为目的的汤旺河国家公园

汤旺河位于黑龙江省，它凭借着自然资源的独特性、稀缺性以及对区域内生态环境的科学保护等优势，成为我国第一个被批准的国家公园。但在五年试点过程中，汤旺河国家公园（图 2-47）仍然未能在管理体制机制上有所改变和创新，同时在发展理念上依旧更加看重经济开发、旅游知名度打造等，公益性功能开发远远不够。此时国家公园体制建设探索基本上处于以经济利益为主的国家公园初始阶段。

图 2-47　汤旺河国家公园

③《建立国家公园体制试点方案》提到的国家公园体制试点省份的试点区

2015 年，我国在 9 个省份开展"国家公园体制试点"，试点期为 3 年。2015 年 12 月底，青海三江源、湖北神农架以及浙江开化 3 个国家公园体制试点区已经通过了国家评审。其中，三江源国家公园体制试点区成为我国最早获批的国家公园体制试点区。此时国家公园体制建设探索已经进入以注重生态保护为主的国家公园发展阶段，该阶段的国家公园体制建设的重点如图 2-48 所示。

图 2-48　新一轮国家公园体制建设的重点

　　截至 2019 年，我国已开展了 10 个国家公园试点，涉及 12 个省份。自国家公园体制试点开展以来，各试点区域进行了管理体制的改革，成立国家公园管理局等专门的管理机构。国家林业和草原局提出，2020 年，我国将结束国家公园体制试点，正式设立一批国家公园，我国国家公园即将进入一个新的发展阶段。

　　相信通过以上梳理，大家对国家公园以及我国在国家公园体制上的探索和实践情况有了一个较为深入的认识。现阶段，国家公园体制建设成为加快我国生态文明制度建设在新常态下的重要决策部署，国家公园体制建设既是建设"美丽中国"的切实手段，也是满足人民日益增长的精神文化需求的重要载体，更是解决当前我国长期以来文化和自然遗产地管理问题的必经之路。

2.3　打造未来的城市慢空间

2.3.1　寻找中国的伍德斯托克[①]

　　在之前的规划世界里，我们对城市与乡村有清晰的认知，城市规划主要适应社会主义现代化建设的需要。随着城乡规划的提出，协调城乡发展、改善人居环境成为规划的特色追求。现如今，国家经济已进入发展新常态，都市男女的生活追求不再是城市的热闹繁华，而是"户庭无尘杂，虚室有余闲；久在樊笼里，复得返自然"的生活。伍德斯托克是一座风景如画的小镇，位于英国牛津郡，是联合国世界文化遗产丘吉尔庄园（也称布莱尼姆宫）的所在地。与灯红酒绿的都市生活不同，这里没有喧嚣和吵闹，有令人向往的静谧环境，但同时拥有完善的生活服务设施以满足居民的日常需求。然而，在这地大物博的国度里，各形各色的旅游度假区接踵而来，中国的伍德斯托克又在哪里？

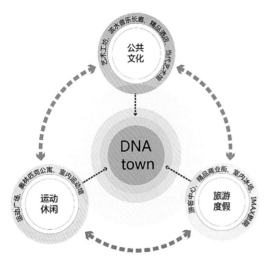

图 2-49　岔路口地区项目定位与愿景

注：IMAX 是指巨幕电影，是一种能够放映比传统胶片更大和更高解像度的电影放映系统。

岔路口地区位于南京市浦口区的西北侧、南京都市圈北部，依托老山自然保护区，具有成为重要的区域旅游服务接待中心的潜质。更为助力的是，南京都市圈的"同城时代"也为岔路口地区带来优势。岔路口地区利用区位优势与本体资源，帮助南京市旅游在发展转型中寻找机会。在发展方向上，岔路口地区以营造生机盎然的旅游度假小镇、朝气蓬勃的运动休闲小镇和瑰丽多彩的公共文化小镇为愿景不懈努力；在发展规划中，精准定位客群市场，打造差异化发展的特色旅游小镇，促进区域发展新的增长极（图 2-49）。

老山岔路口作为老山景区最主要的村民安置区，旅游服务与生活服务同等重要。融入旅游服务、生态居住、服务配套、景观塑造等功能进行综合开发，以实现完善的旅游功能、品质的生活功能和良好的生态特色的融合。以品质化、舒适化为特色，营造良好口碑，提升岔路口小镇的吸引力，打造极具活力和多元特色的旅游小镇。

因此，岔路口的规划不同于以往的思路构思。一方面，本次规划摒弃以往将非建设用地当作生态背景且不加重视的设计思想，而是将其作为地区重要资源加以利用，功能聚合建设用地与非建设用地，创建功能景观核心（图 2-50）。同时植入健康 D、活力 N、文化 A（简称 DNA）三大功能，规划以"生态、文化、活力"为特色的 DNA 旅游小镇。首先，通过绿网渗透、生态重构将生活系统与生态系统有机融合；其次，通过功能聚合，将自然景观与多种公共活动功能集中布局，形成区域活力核心，实现自然与活力互融；最后，通过城野共建、综合开发将建设用地与非建设用地等值利用，实现区域资源的最大价值，最终形成"三叶草"结构下的 DNA 小镇（图 2-51、图 2-52）。

图 2-50　岔路口地区建设用地与非建设用地的功能聚合

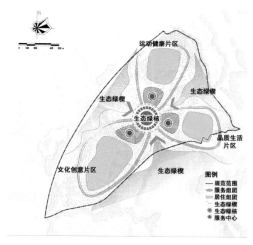

图 2-51 岔路口地区 DNA 旅游小镇

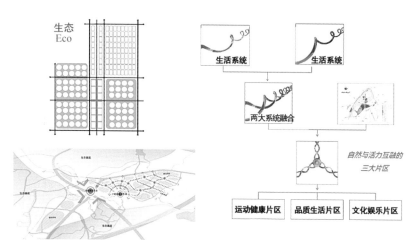

图 2-52 岔路口地区生活与生态基础设施的有机融合

另一方面，规划根据南京都市圈、南京市、江北新区、老山景区四个层面的旅游发展所带来的机遇与需求进行层层深入的分析，准确设定多层次的发展目标体系，为旅游产品的开发提供支撑。同时以市场为导向的规划设计思路新颖，通过对区域旅游产业进行分析，着眼于旅游市场的需求，明确岔路口地区在各个层面的发展目标以及结合本体资源找寻适合本地发展的项目体系及发展路径。

生态与交通是岔路口地区的重要特质，规划通过地理信息系统（GIS）进行综合分析，精准确认土地价值，力保生产生活生态的和谐。同时与既定规划控制条件进行叠加，为后期的城市设计提供重要空间依据。良好的交通条件是岔路口地区的发展优势，但是也为建设有活力的、尺度适宜的旅游小镇带来巨大挑战。因此，减少过境交通对基地的影响成为规划设计的主要任务。规划中利用自然现状形成与山形走势一致的建筑风格，打造具有浓郁文化特色的商业水街的内向商业空间，商业服务功能将在城市干道一侧解决。同时，利用特色建筑连廊设计，在不影响交通流的情况下将干道两侧的不同功能有机结合，打造岔路口地区的特色商业地标。

老山岔路口规划以营造一座绿野交融的乐活宜居小镇、一个处处绿野葱葱的生态景区、一座充满欢乐活力的旅游小镇为目标。岔路口以功能景区为核心，功能聚合建设用地与非建设用地，植入 DNA 三大功能，采用混合开发模式，与周边小镇形成错位发展，创建以生态、文化、活力为特色的旅游小镇。

2.3.2 高铁站边上的清新慢城

说到高铁站，第一印象是什么？是快速便捷的出行方式、匆忙赶路的乘客还是眼花缭乱的广告牌？说到高铁周边区域，第一想法是什么？是荒凉的土地还是混乱的商业空间？起初，我们都在追求便捷高效的交通方式，忽视了服务人文方面的追求。而随着高铁的普及，人们已经不再满足于高铁站单一的服务功能，进而商业服务功能进驻。然而，过度的商业服务反而有些喧宾夺主，与匆忙赶路的人混合一起，造成了空间的嘈杂无序，让人浮躁。如何让游客同时享有商业服务和出行功能，是我们需要面对的问题。我们发现，高铁站的周边区域具有无限的发展空间，在未来城市发展中扮演着重要角色。

1）怡然天地，自在上饶[⑫]

上饶处于赣浙闽皖四省交界的中心位置，具有承东启西、纵贯南北的区位优势。然而在现实中，上饶相比于同等级的城市差距较大，经济长期边缘化。因此，为了突破经济发展滞后的窘境，上饶亟须发展经济，促进经济新的增长点。为此，上饶抓住高铁在上饶中心城区"十"字交汇的发展契机，利用高铁新区自然文化资源的优势，积极融入长三角经济区、海西经济区，以发展上饶经济。同时，放大"高铁效应"，大力推进高铁新区的建设，重塑上饶的战略地位，将其打造成为国际知名旅游目的地。

不同于以往的规划模式，此次规划为非区域中心城市的高铁新区发展提供了一种新的模式，假如新模式的引用成功，将会为其他高铁新区的规划找到参照与发展方向。规划以"精明设计"理念打造的"慢城市"空间设计思路为创新，从"设计城市空间"转变为"设计地域风景"。将生态理念与空间结构相结合，打造最具中国山水人文特色的最美高铁新区，创建清新高铁"慢城"（图 2-53）。

在本次项目中，我们针对高铁新区的核心区与拓展区进行了规划，同时对区域的产业体系进行了分析。通过将空间结构与城市主题相结合，力图剖析高铁新区的优势与劣势，挖掘新区潜能，推动地区经济产业的发展。

（1）拓展区的规划之路

在本项目中，拓展区（规划区）的作用是作为核心区设计的基础和依据，使核心区很好地嵌入周边环境中。因此在规划中要做到分区规划，明确空间结构和用地布局。规划充分发挥高铁站的交通枢纽作用和带动作用，统筹用地、交通、山水、基础设施等要素，指导片区未来的开发建设，打造上饶未来最具活力和发展潜力的新兴增长极。

通过放大高铁枢纽的核心带动作用，结合空港新区及周边的主城区、广丰、玉山等主要功能组团，对规划区资源进行整合、梳理，形成"一带三轴、六片多点"的空间格局（图2-54）。

一带：滨水功能提升带。

三轴：城市功能创新轴、空铁联动发展轴、产业功能拓展轴。

六片：综合服务中心、茶文化小镇、农业转型示范园、森林乐享生态区、逍遥养生会所群、原生态探险游乐园。

多点：综合服务核心、片区服务中心、茶文化博物馆、云碧峰服务中心、范溪坞服务中心、主题疗养度假酒店、灵溪综合服务中心、生态农业厨艺苑。

在用地布局上，规划区主要集中在地势较为平坦的核心区内进行

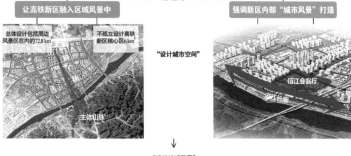

图2-53　上饶高铁新区"慢"城

图2-54　上饶高铁新区空间结构图

开发建设。城市建设用地总计 1 233.61 hm²，占规划区总用地面积的16.95%。我们采用混合空间布局模式，为居民提供较为完善的服务居住空间。用地主要分为居住用地、商业服务业设施用地、道路与交通设施用地和绿地与广场用地。同时，除了核心区内的规划设计，还考虑了其他关联因素。在生态资源优异的外围空间上主要以保护为主，营造绿色生态宜居环境。在技术上运用点状开发的模式，充分利用本土土地资源，植入相关产业，从而带动周边区域发展（图 2-55）。

图 2-55　上饶高铁新区土地利用规划

（2）"慢理念"核心区

核心区规划以拓展区规划为基础和依据，最终形成"一环一带三轴"的规划结构（图 2-56）。同时，为了迎合"慢城市"主题，提出"慢"设计概念。慢呼吸（慢行体系）主要以山水生态为基础，融入上饶特色文化元素，有机串联开放空间和慢行廊道，构建滨水慢行系统、郊野慢行系统及城市慢行系统；慢呼吸（景观体系）精准设计了全域景观廊道，在最大程度上展示核心区周边山体，打造"最美高铁新区"；慢出行（交通体系）由 1 条轨道交通、1 条观光小火车、3 条快速公交、6 条城市公交及 4 条城市内部公交组成的公共交通系统，提供全新低碳出行体验；慢生活（公共服务体系）结合公共交通站点布设，构建公共服务体系，保障最大化的公共可达性，提升慢行品质。

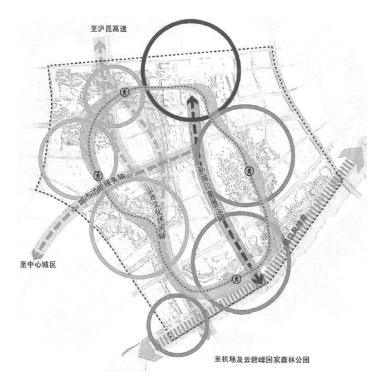

图 2-56　上饶高铁新区核心区"一环一带三轴"规划结构

（3）攻坚时期的产业体系规划

在调查分析中，我们发现上饶具有特色鲜明的风景名胜和文物古迹，依托当地的优质资源，优先发展休闲旅游业，以生态提升产业空间环境，以文化提高产品价值，由此起到带动旅游经济发展的作用。周边发达经济体对上饶的发展有推动作用，主动对接周边发达经济体，补链发展高端文化产业与现代服务业，完善地区服务体系是上饶需要学习和思考的。规划发展产业体系，目的是对核心区的文化旅游、商务商贸、会议会展等产业进行整合，形成强力发展引擎，带动周边形成以茶文化、会议度假、生态养生、休闲农业、旅游节事等为主题的旅游专业化集群发展区。

近期上饶依托高铁带来的交通区位条件，结合自身山水田园优势，重点发展文化旅游产业，通过基础设施建设以及生态绿网建设，发展商业、休闲娱乐、体验式商贸等产业，以聚集新区人气；中远期重点发展总部办公、文化产业、会议会展、商务办公等产业，以提升新区的现代服务功能，做好高铁新区引擎，有效整合资源，协调空港新区和西货站物流园发展。

打造清新"慢城"，抓住自身特色，才能走出正确发展路径。保护生态资源，挖掘自身潜力，发挥资源优势，才能迈进绿色生态发展的大门。同时珍惜文化历史遗产，打造特色鲜明的旅游文化区域，和周边地区形成差异化发展，是上饶高铁新区的发展方向。

① 生态保育与绿色发展

高铁新区生态基底优越，生态保护的理念应贯穿规划的始终，明确发展红线，加强生态网络布局，划定生态廊道。在保护自然环境的基础上，进行点状开发，让生态融入城市发展。设计应尽量避免对生态环境的大规模改造，充分结合自然环境的原有形态，创造出独特的景观资源。设计不能只注重视觉的美观，更应该关注对生态环境的修复和完善，让建筑融入环境。

结合自身资源优势，通过发展以生态旅游为主体的旅游休闲产业，打造区域性旅游品牌；通过发展生态农业，结合观光旅游、休闲娱乐等形式，实现农业与二三产业的联动发展；通过生态保护和资源利用，构建可持续发展的生态竞争力，实现区域绿色发展。

② 文化传承与创新发展

以规划区内的东岳庙和古岩寺等文化为基础，植入茶文化、理学文化、稻作文化、道教文化等上饶传统文化，依托高铁的集聚效应，在规划区传承并发扬历史文化资源。同时也要对传统文化进行创新、改进，重点发展创新产业，推出具有上饶特色的创意文化元素，打造适合上饶的产品，让创新成为一种常态，让传统与创新在高铁新区融汇发展。

③ 智慧服务与高效发展

以生态基础设施建设为前提，以智慧旅游为基础，全面搭建智慧交通、智慧社区、智慧产业等智慧城市平台，将高铁新区打造成为城市智慧服务中心。通过对网络数据的收集、整理、分析，加强城市的产业融合发展，形成专业化的产业集群，增强经济活力，助力城市高速发展。

上饶旅游资源丰富，景点较多，然而，上饶周边区域旅游资源丰富，市域内旅游资源承受周边的多方挤压，导致游客对上饶的旅游感知度不高。总体来讲，上饶旅游面临旅游消费类型单一、客源市场分布不均的困局，急需转变区域关系和自身角色，提升旅游资源品质，加强旅游服务能力建设。同时，上饶需要依托高铁与空港的交通优势，优化旅游产业体系，打造"国际知名旅游目的地"，形成鲜明的城市名片，扩大市场范围。高铁片区应该抓住上饶转型所带来的人口流动量机遇，打造出最具中国山水人文特色的最美高铁新区。

2）环保、生态的高铁湾区[⑬]

随着"乡村振兴"战略的提出，"半城半乡"的潮南区迎来了重要发展契机，与此同时，"粤港澳大湾区"战略的提出，给潮南带来了新的发展空间。潮南作为大汕头湾区的重要节点，借力区域协同发展，迎来了新的发展阶段。汕汕铁路作为广汕铁路的延伸势必带动和提升粤东地区与广州、惠州等市的经济互动、产业融合，进一步增强汕头作为粤东中心城市的经济辐射能力，为潮南区跨越式发展提供重大机遇。本项目将依托汕汕铁路提供的发展机遇，把潮南区打造成商业、产业、生态旅游业等全覆盖的发展区域，塑造大汕头湾区滨海活力商务区、汕头新兴产业集聚发展区，打造潮南区东部重要门户。

（1）现状认知

目前，潮南区优劣势并存，既为规划发展提供了帮助，同时也给规划工作带来诸多不便（表2-8）。规划紧紧围绕潮南高铁站的开发契机，首先需要厘清三个层面（战略层面、组团层面、站点层面）的关系与发展重点，由宏观到微观循序渐进地明确高铁湾区的蓝图和行动；其次在战略层面上，规划高铁区研究范围，找准高铁湾区在潮南及汕头的未来方向；再次在组团层面上，确定高铁湾区控制范围、特色风貌引导的用地管控与空间蓝图；最后在站点层面上，规划核心区范围，启动建设核心行动。

表2-8 SWOT分析

S（优势）	W（劣势）	O（机遇）	T（挑战）
1. 秀美的滨海岸线和生态田园山林； 2. 人文景观和建筑遗存丰富多样； 3. 紧邻深海高速出入口，交通优势显著； 4. 基地现状较为简单，易于进行建设，且有一定的存量建设指标	1. 多条交通廊道汇集，用地受到一定程度的割裂，且内部道路网络尚未形成； 2. 农保地管制范围大； 3. 公共与旅游服务发展落后，娱乐与酒店项目空白，与较为成熟的惠来相比差距较大； 4. 环保工业园发展迟缓，高层次技术创兴服务供给不足	1. 作为南拓北优的东部门户桥头堡，积极融入大湾区建设的步伐，未来城区东部的发展将走上快车道； 2. 高铁能够带来潮南区交通区位的改善，场站的建设能够带来周边土地价值的提升和人流的汇集	1. 由于高铁站选址远离中心城区，短时间内城市建设的相对滞后会吸引本地一些人才、资金等向外流出，出现虹吸效应； 2. 资源整合与统筹利用存在难度，现状场地基建如白纸一张，短时间内难以成为强有力的城市新区

（2）规划时期的策略

以潮南高铁站为核心，借力区位交通及自然资源优势，发展现代商业商务服务以及滨海休闲创意产业，最终打造成蓝绿交织，以节能环保、生态文旅为核心产业的高铁湾区（图2-57）。

在土地利用规划上，构建以中央活力区为核心的四大特色功能区，立足各版块产业基础及区位优势，错位发展，形成商务经济、文化旅游经济以及产业经济综合发展的高铁湾区，并以此为增长极带动整个区域发展。绿色科创（新兴环保产业区），为产业集聚地，包括环保研发中心、纺织印染处理中心、新材料科研孵化器人才培训中心；众创客厅

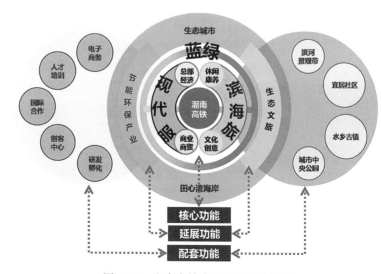

图2-57 潮南高铁湾区蓝绿交织体系

（中央活力商务区），用于商业办公休闲，涵盖商贸休闲街、展示展销中心、商务办公总部基地、商务服务中心、商务酒店、知识产权转换与研发基地；水乡田园（水乡创意区），打造潮侨文旅中心、潮韵文化基地、生态休闲田园；畅想海岸（滨海旅游度假区），创建理想旅游区，塑造滨海旅游目的地、田心湾休闲度假区（图2-58）。

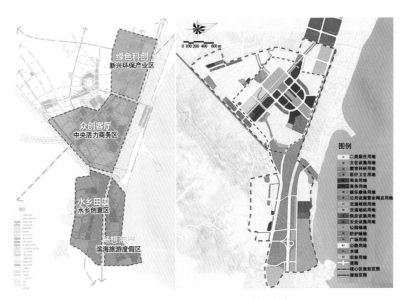

图2-58　潮南高铁湾区土地利用规划

在空间结构上，高铁湾区核心区构建"一核、一轴、五片区"的空间功能结构，一核即高铁站前中央活力核心，一轴即高铁站至海湾的中央活力轴线，五片区分别为站前商务组团、滨海文化产业组团以及三个居住组团，几个功能片区相互咬合，并由一条水绿交融的生态健康廊道串联、分隔、交织，塑造出独具特色的高铁湾区形象。

同时，规划制定了廊道渗透、层次引导、活力植入等设计策略。设计充分尊重场地生态本底并加以梳理保护，利用自然水系构建核心区的生态框架，为营建绿色城市创造先行条件；注重公共空间与自然生态景观的融合与交织，坚持以人为本，打造尺度宜人、景观层次丰富的空间体系；注重城市形象的塑造，通过对不同功能板块的控制引导，形成特色鲜明、重点突出的城市意向。对核心区地块的开发强度、建筑高度进行严格管控，构建核心凸出、缓和连续的天际线，强调城市开发效益与人性尺度的综合考量，塑造有特色有人情味的片区形象。

半城半乡的潮南区，迎来了"乡村振兴"所带来的新动能。在乡村振兴中，产业兴旺是重点，生态宜居是关键，乡风文明是保障，治理有效是基础，生活富裕是根本；在规划中，必须把制度建设贯穿其中，必须破解人才瓶颈制约。开拓投融资渠道，强化乡村振兴投入保障。推动城镇协同发展,在空间上强化轨道交通下的"多中心、网格化"格局发展现代商业商务服务,同时依托滨海自然条件,打造滨海休闲旅游度假区。在格局上做到蓝绿交织,打造以生态文旅为核心的高铁湾区。

2.3.3 空港附近的别样风景

随着国家经济水平的发展,出行交通的可选择性越来越多,飞机也成为人们出行的日常交通工具。然而,早期机场规划建设的一系列问题随着客流量的增加日益凸显,机场的周边设施已经不能满足出行的正常需求反而对乘客出行造成不便。机场选址建设由于严格按照国家民航局的有关规定,在基本条件符合有关规定的前提下,工程量少、拆迁方便和节省资金成为机场选址的重要因素之一。因此,郊区成为建设机场的最佳地点。然而,偏远的地理位置给城区的来往乘客造成了诸多不便。同时,周边不完善的基础设施和生活公共服务设施并没有因为机场的建设有所提升,周边用地也没有因为机场高流量的旅次人群带动经济增长,机场仅仅只是作为一个公共枢纽站,规矩地做好递送工作。

我们需要了解的是,机场不仅仅是机场,它是一座城市的"推动者"也是一座城市的"拉动者"。例如新加坡的星耀樟宜,第一天开张就给樟宜机场带来了巨大的客流量,慕名而来的乘客络绎不绝。除了优美的花园景色以外,机场内的上百家商铺同时满足乘客的购物需求。这里俨然已成为一个大型购物商场,机场在这里只是一个副业,机场的职能在这里被模糊。因此,机场周边的土地发展存在巨大潜力,帮助乘客出行的同时享有更多的服务功能。

1)空港周边片区的创新发展[①]

(1)项目初期的规划与定位

上饶市位于沪昆发展带上,地处长三角经济圈、海西经济圈、鄱阳湖生态经济圈功能辐射的交汇区,地理位置优越(图 2-59)。在江西省提出"绿色崛起"的宏观背景下,依托信江河谷城镇群资源整合的优势条件,以三清山机场、上饶高铁站和海西物流园为核心引擎,驱动上饶从内向型向外向型转变,实现"赣东北区域中心城市"的宏伟蓝图。

三清山机场空港新区位于上饶市中心城区南部、信州区与上饶县境内,主体功能包括:为三清山机场及其周边用地服务,推动机场及周边的发展。机场规划设计范围西起志敏大道,东至丰溪河,北至规划沿山公路,南至机场南侧边界。如何确定空港新区的发展定位与产业体系,如何

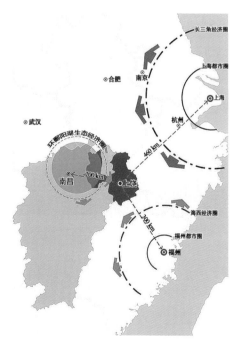

图 2-59 上饶地理位置图

协调空港新区生态保护与城市空间布局的关系，是规划中的关键性问题。

（2）规划实践中的体系探索

① 情境规划

情境（Scenario），表达不同发展思路和战略侧重点下的多种可能性。规划通过多种情境的假设和推演，提出两种不同的发展思路：大型休闲商业综合体引爆空港新区、以临空经济区建设为引领渐进式发展（图2-60）。

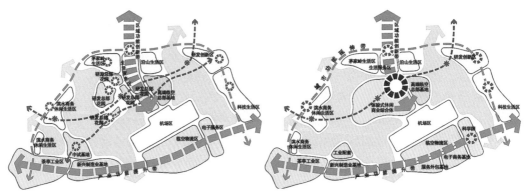

图 2-60　空港新区情境规划

② 郊野公园似的空港新区

构建绿色可持续的新区生态品质，通过环境承载力评估和复合化功能管理，将土地价值最大化；通过集约式的开发模式为空港新区保留弥足珍贵的生态基底，打造可赏、可游、可达、可用的湖山生态绿地体系，将空港新区打造成为上饶中心城市郊野公园体系中的重要一环（图2-61）。

图 2-61　空港绿色新区

③ 统筹的产业集群

针对补缺上饶市的产业类型、延伸产业链条，空港新区建设性地提出航空配套产业集群、生产性服务产业集群、休闲商业产业集群、都市农业产业集群四大产业集群，引领上饶经济发展。

④ 多元化的交通体系

空港新区通过轨道、高速公路、区域快速路、城市干道等多种形式的交通，使空港与周边城市、中心城市各功能组团产生便捷联系；通过轨道交通、快速公交、常规公交等多种交通工具保证出行效率，并为空铁联运提供保障（图2-62）。

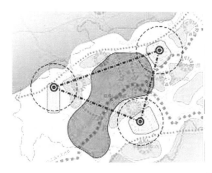

图2-62　空港新区交通体系

⑤　全覆盖的公共服务体系

全方位的服务体验，将成为空港新区发展的关键要素。规划"10+24"的综合体验空间服务系统，保证在10分钟距离内实现购物、休闲、运动、医疗等全方位便利服务，同时也为本地居民和旅游人群提供24小时的全天候品质服务。

（3）规划指引

①　土地利用

在尊重上饶山水格局自然本底的前提下，通过组团化的布局模式，将高品质的生态、经济、交通、服务系统性地规划在42 km²的空港新区；空间将形成包括城市功能创新轴、城市功能延伸带、产业功能提升带、机场核心、综合服务核心、区域服务核心等在内的"一轴两带三核多片区"的总体空间结构（图2-63）。

图2-63　空港新区土地利用规划

②　特色风貌

通过人文、自然等多因素的综合分析，将核心区划分为五大风貌区（图2-64），以综合展示空港新区的山水格局风貌，凸显上饶特色文化，传承历史文脉。

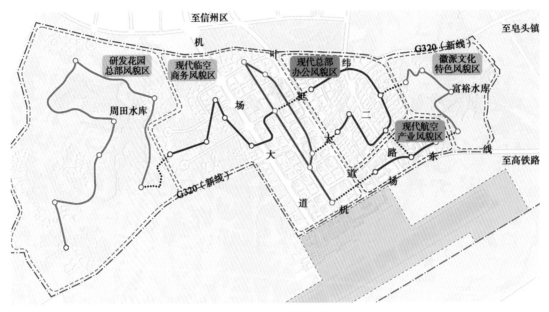

图 2-64　五大风貌区

③ 空间形态

空港新区的发展目标是构建绿色可持续的新区生态品质；通过植入临空商务、研发办公、航空产业与旅游度假等业态，形成空港新区独有的现代、生态品质形象。

④ 低碳节能

通过主动式节能技术，实现新区公共空间内街道家具、出行系统低能耗运行，降低人们的生产、生活活动对环境的影响；通过区域公园、街道绿地、社区绿地形成地区重要碳汇；通过规划设计对碳排放的源头进行控制，新区将充分体现绿色低碳引领的发展理念，为上饶带来全新的低碳生活体验。

⑤ 智能交通

通过人性化的出行方案以及高效、低成本的开发方案来解决地区的交通问题；提供交通快速疏散、大运量快速交通、驻车换乘模式的静态交通体系（PR）模式的静态交通体系、慢行交通网络等多样化的交通服务。在未来的新区，交通是一种舒适性、趣味性的人性化体验活动。

经过规划体系的探索、规划策略的提出、政策方法的引导、空港新区作为上饶城市功能创新首发区，未来必将机场周边发展成产业发展创新区、绿色低碳引领区、智能交通先导区以及综合服务引领区。在做好机场辅助工作的同时发展机场周边区域，带动区域经济整体发展，营建创新城市功能地标新区。

2）空港片区的定位发展规划⑮

（1）背后的故事

2011 年 10 月《国务院关于支持河南省加快建设中原经济区的指导

意见》（以下简称《意见》）的出台使建设中原经济区正式上升为国家战略。同年年底，河南省政府批复了南阳市城乡一体化示范区建设总体方案，进一步明确了南阳市城乡一体化示范区的发展定位与战略要求。南阳市委市政府为更好地落实《意见》以及新区总体建设方案的战略意图与要求于2012年初编制完成了《南阳新区发展总体规划（2011—2030年）》。为进一步推进机场片区的各项建设，为制定规划做好前期研究及准备工作，在相关部门委托下我院开展了片区规划的编制工作。

片区规划依据不同层次的规划层面，确定发展定位。在市域层面，建设商务中心区，营造人文生态活力新都市；在区域层面，将片区打造成豫南第一临空商务中心；在人文层面，凸显南阳文化底蕴，打造古韵南阳、新活金湾。

（2）规划构思与策略

确定"E立方"规划构思（图2-65），从生态、经济与人文考虑，在生态（Ecology）方面，坚持生态保护优先，选择性地保留自然水系，构筑以多级水系、绿色网络为骨架的复合生态系统，塑造复合功能的河滨景观带；在生产（Economy）方面，建立新商埠，确定"四心一区"，即特色企业总部集聚区，特色空港商务中心，企业研发、技术培训中心，特色商业中心，教育培训中心；在生活（Essence）方面，深挖南阳文化特征，打造从文化传承、文化体验到文化创作的全产业链条上有价值的活动，赋予静止建筑及场景更多的参与性、体验性，与消费行为及空间形成有效衔接，让新区商务区成为南阳文化精华展示地，成为南阳文化的代表符号。

① 生态

本规划充分保护利用区域内的水体与湿地，结合休憩节点创造开放空间，形成"一轴一廊多点"的景观结构。"一轴"为沿光武路打造的绿化景观轴；"一廊"主要指结合基地内白桐一分干塑造的滨水生态廊；"多点"包括核心区内结合一分干形成的绿化公园，也包括核心区外围的居住小区级绿地、组团绿地。将生态理念与机场周边限高要求相结合，打造"精、绿、雅"低密度绿色中央商务区（CBD）典范。

② 生产

通过对商务中心区的功能构成、空间构成及物业配比进行针对性的分析研究，明确南阳发展规模。商务中心区功能定位——集商务金融、文化博览、会议会展、商业娱乐、高端居住等职能于一体的生态型复合功能区。

GCR Structure
E Cube
规划E 立方核心结构

生活
Essence

经济
Economy

生态
Ecology

E^3

绿色城乡再生规划强调构建"E立方"规划结构，让城乡生态、城乡生产及城乡生活得到最好统筹

GCR Planning will focus on structure with E Cube thinking,which covers ecology,economy and essence

图 2-65 "E立方"规划构思

③ 生活

结合博物馆、大剧院、航天主题乐园、会议会展中心打造滨水生态文化地标群；通过大师艺术部落、玉雕坊、节庆活动等形式使南阳古老的文化得到体验、创作和传承。构建快速路—主干路—次干路—支路四级路网体系；通过地上连廊与地下通廊，合理有序地组织区域内的车行及慢行系统。结合基地总体功能布局结构，重点塑造商务核心区的地下空间，整体将公共商业、公共停车及部分人防相结合，以协调地下空间的设置，强化地下商业空间的联系，并考虑在局部地区设置地下道路系统。

本方案在城市设计上注重天际线景观及风貌分区的塑造。建筑色彩的选择结合建筑功能及周边环境；建筑风格注重本土文化的表达。

规划围绕"E立方"构思，从生产、生活、生态对空港片区进行全方位解读，确定片区空间发展结构，集约产业发展基地，结合文化历史，打造不同主题的生活结构，营造活力生活生产片区。

2.3.4 港口周边的繁忙都市⑮

长淮卫，这片土地，与"港"始终有着解不开的情愫。昔日，长淮卫凭借淮河最大河港的优势，成为全国三大卫之一；今天，随着国家内河港的全面开发，合芜蚌自主创新综合试验区、中原经济区东扩等一系列国家层面发展战略的出台，以及蚌埠市委市政府大发展、大跨越的决心和信心，沉寂已久的长淮卫也将整装待发，以新港城的全新姿态，谱写蚌埠新时期的港城故事。

（1）项目背景与定位

皖北地区处于全国经济从东部沿海地区向中西部地区总体战略转移的中间地带，作为皖北地区的中心城市，蚌埠不仅是由京津冀、长三角、珠三角三大经济区构成的成长三角重心，同时也是由中原城市群、东陇海产业带、皖江城市带等构成的次一级经济区成长三角重心，在得天独厚的区位优势下，蚌埠有责任承担皖北崛起首发城市的角色。长淮卫地区受到其特殊的位置和功能限制，长期为非建设用地，并没有随着城市发展和扩张产生突破性的变化。如今的长淮卫地区从行洪区变为可建设用地，其独特的地理位置和文化优势，将使它成为蚌埠东部带动蚌埠发展的宜居宜业宜游的临港新区。为了最终形成幸福美好港城，长淮卫未来的发展定位从发展交通"港"、生活"港"、服务"港"、经济"港"，到活力智慧"港"，重点打造五个港区，打造皖北地区创新增长极。

（2）规划构思与策略

① 区域视角下的多维度资源统筹

规划以皖北区域对长淮卫的发展诉求为出发点和落脚点，充分整合长淮卫在交通、文化、政策等多维度上的优势资源，提出长淮卫未来的发展定位为构筑安徽"第三极"的"产业领跑极核、阶跃发展新区、幸福美好港城"（图2-66）。同时，从区域发展现实要求出发，首先确定地区主导产业，然后围绕地区产业发展需求确定地区主导功能和节点主导功能，围绕五个核心节点，发展核心服务湾、人才湾、休闲湾、商务湾以及产业湾。

图2-66　长淮卫主导产业增长极

② 创新的城市生长动力模型

确立有机生长、交通拉动、产业拉动三大模型，并将三大模型与生产、生活、生态三类空间相结合，推动地区全面开发。发展资源集聚中心，拥淮联铁，全方位吸引区域发展要素集聚，提高土地利用率；依据长淮卫地理位置，发挥三角中心优势，促进产业领跑极核，承前启后，多层次引领淮河中游、豫东南、皖北发展；统筹区域发展，跨越式重塑"两淮一蚌"城镇群可持续发展格局，创建阶跃发展新区；始终不忘初心，以人为本，以两淮精神塑造为核心建设幸福美好港城，打造港城形象。

③ 可持续的实施策略

基于现状已建设情况，形成分阶段发展的重点任务，以达成不同阶段的发展目标。规划最终形成一套集规划体系、管理架构、政策体系、开发策略于一体的综合实施策略，最终实现长淮卫可持续发展。例如三步走的发展策略。第一步，实现交通港、枢纽城的集聚中心：运用国家级内核港口，结合高铁、普铁以及高速公路的辅助联动，形成港口交通枢纽，承接货运运载；第二步，形成经济港、产业城的领跑极核：产业分工重组，联动区域发展；第三步，进阶活力港、智慧城的发展开发区：创新新时期的新蚌埠、新皖北。

长淮卫临港经济开发区是蚌埠市实施"以港兴市、港园联动、打造皖北航运中心"发展战略的首发地区，这一区域的规划建设对蚌埠市域乃至整个皖北地区意义重大。规划注重将前期区域分析与产业规划相结合，制定空间发展战略，确定主导发展产业，打造长淮卫的幸福港城。

第2章注释
① 第2.1.1节原文作者为杨楠，陈易、刘晓娜、乔硕庆修改。该章节的部分观点源自作者在南京大学城市规划设计研究院北京分院公众号发表的文章《马来西亚新行政首都——布城（Putrajaya）》。

② 第2.1.2节原文作者为田青，陈易、刘晓娜、乔硕庆修改。该章节的部分观点源自作者在南京大学城市规划设计研究院北京分院公众号发表的文章《东京规划故事（东京游记）》。

③ 第2.1.3节原文作者为胡正杨，陈易、刘晓娜、乔硕庆修改。该章节的部分观点源自作者在南京大学城市规划设计研究院北京分院公众号发表的文章《里约大冒险太可怕？来听我八一八巴塞罗那》。

④ 第2.1.4节原文作者为郭锐，陈易、刘晓娜、乔硕庆修改。该章节的部分观点源自作者在南京大学城市规划设计研究院北京分院公众号发表的文章《品牌营销对全域旅游重要么？熊本县酱紫告诉你！》。

⑤ 参见李金早在全国旅游工作会议所作报告——《从景点旅游走向全域旅游　努力开创我国"十三五"旅游发展新局面》。

⑥ 参见石培华：《[全域旅游系列解读之一]如何认识与理解全域旅游》。

⑦ 第2.2.1节原文作者为郭硕，陈易、刘晓娜、乔硕庆修改。该章节的部分观点源自作者在南京大学城市规划设计研究院北京分院公众号发表的文章《"野奢酒店"——我想要去的地方》。

⑧ 第2.2.2节原文作者为张雷，陈易、刘晓娜、乔硕庆修改。该章节的部分观点源自作者在南京大学城市规划设计研究院北京分院公众号发表的文章《自驾游催生的在途旅游与营地度假》。

⑨ 第2.2.3节原文作者为荆纬，陈易、刘晓娜、乔硕庆修改。该章节的部分观点源自作者在南京大学城市规划设计研究院北京分院公众号发表的文章《透过电影看规划系列之国家公园》。

⑩ 参见世界自然保护联盟。

⑪ 第2.3.1节根据《南京市浦口区老山岔路口地区城市设计》项目研究成果、工作总结与心得体会编写，编写人为陈易、刘晓娜和乔硕庆。

⑫ 第2.3.2节第1）部分根据《上饶市高铁新区发展规划及核心区城市设计》项目研究成果、工作总结与心得体会编写，编写人为陈易、刘晓娜和乔硕庆。

⑬ 第2.3.2节第2）部分根据《汕汕高铁潮南站综合交通枢纽区域城市设计》项目研究成果、工作总结与心得体会编写，编写人为陈易、刘晓娜和乔硕庆。

⑭ 第2.3.3节第1）部分根据《上饶空港新区发展规划暨核心区城市设计》项目研究成果、工作总结与心得体会编写，编写人为陈易、刘晓娜和乔硕庆。

⑮ 第2.3.3节第2）部分根据《南阳新区机场片区定位与总体规划》项目研究成果、工作总结与心得体会编写，编写人为陈易、刘晓娜和乔硕庆。

⑯ 第2.3.4节根据《长淮卫临港经济开发区总体发展战略规划暨核心区城市设计》项目研究成果、工作总结与心得体会编写，编写人为陈易、刘晓娜和乔硕庆。

第2章参考文献

[1] 谭少容.巴塞罗那：借奥运平台成功改造城市的典范[N].地产互动，2007-12-21.

[2] BRUNET F. An economic analysis of the Barcelona'92 Olympic Games resources, financing and impact[M]//DE MORAGAS SPA M, BOTELLA M. The keys to success: the social, sporting, economic and communications impact of Barcelona'92. Barcelona: Servei de Publicacions de la Universitat Autonoma de Barcelona, 1995.

[3] BUSQUETS J. Barcelona: the urban evolution of a compact city[M]. Boston, MA:

Harvard University Graduate School of Design，2005．

［4］刘红纯．世界主要国家国家公园立法和管理启示［J］．中国园林，2015，31（11）：
　　73-77．

［5］陈健，张兵．世界国家公园体系对中国国家公园建设的启示［J］．商场现代化，
　　2012（30）：180-183．

第 2 章图表来源

图 2-1 源自：百度地图截图．

图 2-2 源自：新浪微博《马来西亚新行政首都——布城（Putrajaya）》．

图 2-3 源自：携程旅行．

图 2-4 源自：乔硕庆绘制．

图 2-5 源自：回龙观社区论坛．

图 2-6 至图 2-11 源自：田青拍摄．

图 2-12、图 2-13 源自：BRUNET F. An economic analysis of the Barcelona' 92 Olympic
　　Games resources, financing and impact［M］//DE MORAGAS SPA M, BOTELLA
　　M. The keys to success：the social, sporting, economic and communications impact
　　of Barcelona'92. Barcelona：Servei de Publicacions de la Universitat Autonoma de
　　Barcelona, 1995.

图 2-14 至图 2-18 源自：胡正杨拍摄．

图 2-19、图 2-20 源自：百度图片．

图 2-21 源自：百度百科；熊本县观光网站．

图 2-22 源自：搜狐网．

图 2-23 源自：百度图片．

图 2-24 源自：智筑网．

图 2-25 至图 2-27 源自：裸心度假官方网站．

图 2-28 源自：篱笆网．

图 2-29 源自：裸心度假官方网站．

图 2-30 源自：篱笆网．

图 2-31 至图 2-33 源自：刘晓娜绘制．

图 2-34 源自：张雷绘制．

图 2-35、图 2-36 源自：刘晓娜绘制．

图 2-37 至图 2-40 源自：张雷绘制．

图 2-41 至图 2-44 源自：百度图片．

图 2-45 源自：周达光拍摄．

图 2-46、图 2-47 源自：百度图片．

图 2-48 源自：荆纬绘制．

图 2-49 至图 2-52 源自：《南京市浦口区老山岔路口地区城市设计》方案．

图 2-53 至图 2-56 源自：《上饶市高铁新区发展规划及核心区城市设计》方案．

图 2-57、图 2-58 源自：《汕汕高铁潮南站综合交通枢纽区域城市设计》方案．

图 2-59 至图 2-64 源自：《上饶空港新区发展规划暨核心区城市设计》方案．

图 2-65 源自：《南阳新区机场片区定位与总体规划》方案．

图 2-66 源自：《长淮卫临港经济开发区总体发展战略规划暨核心区城市设计》．

表 2-1 源自：田青绘制．

表 2-2 源自：胡正杨绘制．

表 2-3 源自：张雷根据《2017 中国露营地行业投资报告》绘制．

表 2-4 源自：世界自然保护联盟．

表 2-5 至表 2-7 源自：荆纬绘制．

表 2-8 源自：乔硕庆绘制．

3 活力城市，人性化的体验空间

3.1 城市需要给用户最好的体验

3.1.1 人性化设计，不是遥远的乌托邦[①]

2016 年，迪士尼自制动漫《疯狂动物城》仅上映一周豆瓣评分便高达 9.4 分，其塑造的动物形象不仅成功俘获了小朋友的喜爱，而且受到广大成年人的追捧。作为一名规划行业工作者，电影中对乌托邦式的现代大都市的展现，带给我们的惊喜也是接连不断，影片中的城市空间格局也对我们未来的城市规划工作有一定的帮助。

影片艺术指导大卫·戈艾兹说："必须像动物一样去思考才能设计出这样一座动物城。"也就是说，把自己当作动物，根据动物习性，建设自己的美丽家园。这个大都市按照气候、动物生活习性，根据不同地理带的动物们对生存环境的挑剔分成了四个主题区域，分别为洞穴动物区、热带雨林区、沙漠区、冻土区（图 3-1）。当然，如果只是按照人的想法，设计出违背现实依据的空间环境，例如让河马住在沙漠里，这样不仅不符合实际情况，而且不能让观众产生共鸣，更得不到大众的认可。因此，该影片中的 64 种动物，动画师都保留了真实动物的特点并将其带入影片中的角色。例如，为热带沙漠动物设计的撒哈拉广场，为鼠类设计的小尺度啮齿镇等。

联系到现实中，这也就是我们规划师与设计师常说的"以人为本"的规划原则。影片中城市设计的"人性化"究竟体现在何处呢？首先是整个宏观城市的巧妙融合。例如，在两个气候不同的区域中间设置"瀑布空调墙"，一边利用冷气降温，一边利用加热风供暖，毫不浪费（低碳城市）；穿梭于城乡之间的高速列车轨道则是利用树洞与瀑布下的人岩洞，在同时

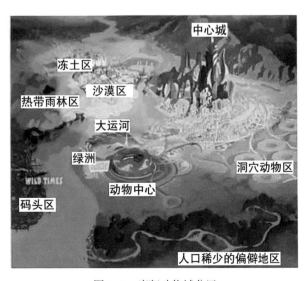

图 3-1 疯狂动物城分区

满足通行与景观欣赏的双重功能需求的前提下，达到不破坏周边生态环境的目的（生态城市）。

其次微观层面更是在各处显露无遗。例如，为不同体型的使用者设计的列车出入口，饮品站的长颈鹿传送带，为走水路的河马专设的岸上风干口等，无一不体现着城市贴心的规划设计。这不免让我们思考现如今的城市规划设计，是否遵循"以人为本、因地制宜"的原则，提供尺度宜人的街区、便民的便利店等来满足生活中需求同样多的我们。

除了人性化的分区设计以及针对不同动物设计的城市功能，在空间格局上，影片中还设计了作为公共服务中心的中央商务区（CBD）。CBD位于四大居住区中心，具有现实生活中城市市中心的功能。同时，城市外围还分布有绿洲、动物中心、码头等市政类功能区，丰富了城市功能，映射了现实生活中的城市功能体，凸显了人类的日常需求。

电影中的动物城给我们提供了人性化设计无限的可能性。人性化的规划设计换一种说法便是满足不同群体、不同阶层居民的个性化的需求，现在所提倡的智慧城市建设、大数据的采集分析也是对个性化需求的一种分析与应用的体现。智慧城市就是利用信息技术实现城市的智慧管理与运营。但是反过来思考，前端的城市人性化规划设计使得城市的功能能够基本满足居民的需求，那么后台的城市运营管理便多少会更加游刃有余。而我们同时作为现实世界城市的使用者与缔造者，要时刻秉承人性化的理念，一起打造一个共享的人性化城市空间，共同珍惜和使用我们的家园。

3.1.2 社区，封闭或开放是一个选择[②]

2016年，《中共中央　国务院关于进一步加强城市规划建设管理工作的若干意见》的出台，使得封闭社区的空间组织形式成为当时社会舆论讨论的热点，其中争议较多的是封闭造成的居住分异与社会不公。在以人民为中心的规划理念的指引下，社区毫无疑问是当前规划行业关注的重点之一。如何打造一个以人为本的人居环境是规划师最为关心的话题之一。下面，我们不妨谈一谈社区的话题。

与西方海外贸易文化和外向扩张精神不同，我国在长期自给自足的农业生产和传统文化的影响下，自古以来即已形成了封闭自省的文化气质，居住空间封闭有其深层次的思想根源。在古代中国传统的社会形态中，以家族为核心的内敛居住空间是较具代表性的组织形式。封闭式居住形式，贫富毗邻，店铺寺庙夹杂其中。居住商业功能混杂，市井文化兴盛，基本呈现出一种"贫富相邻而不相扰"的和谐社会生态。被雇佣的小户人家通常会依托大户人家居住，双方相互依存。至明清时期，商业的繁盛进一步促使民居使用功能多元化，商业氛围浓郁愈发彰显出城市社区的活力。以老北京四合院为例，茶馆、会馆、旅馆、剧院均在四合院基础上进行了改造，不仅满足了基本的居住使用要求，而且成为功能复合的居住商业片区[1]。

新中国成立后，伴随着我国经济体制的改革，我国的居住空间大致经历了"开放—封闭"的发展历程。新中国成立初期，由于受苏联计划经济的影响，"企业办社会"对居民的工作、居住、游憩、交通等需求实现全覆盖式满足，居住空间呈现出以单位为基础的"大院式"封闭景象，并用"围墙"来实现其空间的围合性、封闭性以及完整性。然而，这种方式把一座完整的城市在肌理平面上划分得支离破碎。有的学者用"龟裂城市"来形容不同单位社区对城市空间结构的分割："各个单位制社区画地为牢，自给自足，相互之间一般不产生空间上的紧密联系，整座城市被众多单位制社区分割为龟裂状。"[2]但是，由于大院内可实现"职住平衡"，加之当时机动化交通需求不旺盛，贫富差距较小，并未给居民的交通出行和阶层归属带来多少困扰。

但是，为适应经济社会的发展趋势，我国的计划经济体制随后逐渐转向市场经济体制。改革开放促使政府在土地、居住政策、财税等众多核心领域施行了一系列改革，如土地施行有偿出让、取消福利分房、中央地方分税、政府政绩考核标准转变等。以"土地"为纽带，政府、开发商、民众在居住空间再组织过程中展开了持续、激烈的利益博弈，导致现如今封闭式居住社区开发尺度越来越大，带来了道路"断头"、道路间距过大、慢行空间严重缺失等问题，进而引发公众对公共空间开发与社会公平的诸多不满与质疑。

任何事物发展均有与其相适应的规律，从改善交通的角度考虑，国外许多发达国家的发展实践已经证实"窄马路，密路网"的路网结构可以有效缓解交通拥堵，而优化路网结构是缓解交通拥堵的基本前提。当下巨大尺度的封闭社区显然已经阻碍了交通的健康发展，破坏了城市整体空间的有机肌理。因此，我国的封闭社区既是社会分异导致的空间隔离，也是快速城市化过程中城市问题的恶化和规划管理的缺失造成的结果[1]。

大尺度封闭社区引发了一系列问题，因此未来开放封闭社区工作必须细化并且需区别审慎对待，不可采取"一刀切"式的处理方式，更不能采取简单的"推墙"式处理方式。应在充分尊重业主产权、公众权益的前提下，明确政府、企业、公众的职责，厘清各类主体的责、权，综合借助法律、行政、社会自治的力量，从缓解交通、提升社区活力等微观层面提出具体可操作的行动计划，并配以科学合理的政策（土地、产权、税收、补偿等）来保障各计划的顺利推进，才能保障推行"开放封闭社区"的初衷！

3.1.3 球场，让少年在绿茵场上再飞一会③

每次世界杯和欧冠赛事举办的时候，看着朋友圈晒各种熬夜时兴奋与激动的小伙伴们，一方面羡慕他们晚上熬夜白天上班的"生猛"，另一方面也感叹世界高水平的足球赛事确实能够让人体会到这项"世界第一运动"的魅力。

学生时代对世界足球和中国足球关注较多，我还记得那时在学校参与过 2002 年世界杯等关于足球的社会活动；还记得和室友们一起熬夜看球，一有机会就驰骋在绿茵场上的青春岁月。不过最近几年由于工作原因，至少有四五年没有密切关注过足球，近距离接触足球的机会也越来越少。直到 2016 年 4 月的某一天，偶然从新闻里听到了"中国足球中长期发展规划"，在感叹中国足球政策变化的同时，规划师的"职业本能"让我重新开始关注中国足球在未来发展上发生的变化。

① 变化一：社会关注度空前提升

百度搜索关键词"中国足球 + 规划"，结果约有 183 万条消息。而在这些消息中，时间在 2014 年以后的消息约占到 156 万条。可见，对于中国足球而言，近几年的社会关注度已空前提升。

② 变化二：政策引导性更加明确

2014 年至今，国家每年都出台具体政策引导、鼓励足球项目发展的政策。在这些政策中，可以初步解读出两个方面的内涵：一方面从产业上增强包括足球在内的体育产业发展，另一方面则从空间上明确提出全面增强包括足球设施在内的体育场地设施建设。而作为规划从业者，我认为我们应该同样对此政策保持足够的敏感，并应该花一些时间去理解这些文件对我们未来工作的新要求。

近几年发布的关于中国足球发展的核心文件如下：

2014 年 10 月，《国务院关于加快发展体育产业促进体育消费的若干意见》。

2015 年 3 月，《中国足球改革发展总体方案》。

2016 年 4 月，《关于印发中国足球中长期发展规划（2016—2050 年）的通知》（专栏 3-1）。

2016 年 7 月，《体育产业发展"十三五"规划》。

专栏 3-1 《关于印发中国足球中长期发展规划（2016—2050 年）的通知》摘录④

（一）近期目标（2016—2020 年）。

……

强基层：校园足球加快发展，全国特色足球学校达到 2 万所，中小学生经常参加足球运动人数超过 3 000 万人。社会足球发展基础不断夯实，基层足球组织蓬勃发展，基层足球活动广泛开展。全社会经常参加足球运动的人数超过 5 000 万人。

打基础：中国特色的足球管理体制机制初步建立，政策法规初具框架，行业标准和规范趋于完善，竞赛和培训体系科学合理，足球事业和产业协调发展的格局基本形成。全国足球场地数量超过 7 万块，使每万人拥有 0.5—0.7 块足球场地。

（二）中期目标（2021—2030 年）。

……

动力更足：管理体制科学顺畅，法律法规完善健全，多元投入持续稳定，足球人口基础坚实。每万人拥有 1 块足球场地。

……

专栏 4 "十三五"足球场地设施重点建设工程

全国修缮、改造和新建 6 万块足球场地，使每万人拥有 0.5～0.7 块足球场地，其中校园足球场地 4 万块，社会足球场地 2 万块。除少数山区外，每个县级行政区域至少建有 2 个社会标准足球场地，有条件的城市新建居住区应建有 1 块 5 人制以上的足球场地，老旧居住区也要创造条件改造建设小型多样的场地设施。

……

通过分析上述政策，引发了本人对国内足球产业的健康构建与城乡足球空间的特色营造两个方面的兴趣，并且带动了我更为深入研究的积极性。

① 国内足球产业的健康构建

当足球成为一种产业，对于城市和乡村而言，意义将完全不同于它仅作为一种运动。政府已经提出 2025 年体育产业规模达 5 万亿元的目标，根据常规比例，足球产业将占据 40%，即足球产业将占据 2 万亿元规模。这将无疑成为未来经济聚焦的一块大蛋糕。

如何分得一块蛋糕？纵观目前所看到的众多观点，强调"消费与产品两端 + 衍生中间环节"共同推动产业的发展是我认为比较清晰的。就"产品端"而言，主要针对的是产品本身——"足球"，提高自身质量才是根本。而"消费端"主要面向消费者，通过足球衍生的周边产品吸引流量，在起到足球产业传播的同时发展产业经济，同时挖掘更多的产业可能，推动这个足球体系的发展⑤。我在英国读书时有幸现场感受过高水平的足球赛事，也确实体会过发达完整的足球产业给城市带来的经济和文化的双重利好。比如英国曼彻斯特的老特拉福德球场就建立了"消费与产品端 + 衍生中间环节"的模式。除了赛事门票收入，由于和足球文化旅游无缝搭接，每天都有大量游客来到球场付费参观，同时还有价格不菲但销售火爆的足球纪念品的收入。也许未来城市规划中在提出种种新兴产业的时候，不妨思考一下是否可以通过搭接足球产业成为城乡新经济的动力。

② 城乡足球空间的特色营造

那么未来的足球产业在空间上怎么承载？我认为，位于大城市周边的小城镇或许会成为未来足球产业最活跃的空间载体——"足球小镇"式的特色空间。第一，国际上的一些足球基地大多选址于近郊或邻近的小城镇，这些基地距离中心城市适中、交通便捷，比如巴黎周边的克莱枫丹。第二，构建较为完整的足球产业链（比如足球学校 + 足球产业配套等）仍然更倾向于一些新的用地空间，而小城镇的用地成本显然更具有竞争性。第三，当足球作为文化成为未来吸引人才的工具时，良好的环境品质和便捷的服务设施将成为加分项。随着我国新常态下的城乡规划思路对小城镇给予了更多的重视，以及公共服务水平均等化的不断完善，那些具有更好的自然生态环境的小城镇无疑更具备吸引力。

当然，从大众足球设施的补缺和完善来看，依托现有的学校、公园等改造而成的足球设施空间也将是一个重点。但布局标准如何确定，特别是在对现有的《国家公共体育设施基本配置标准》等相关标准文件的修订还未完成的情况下，足球设施的空间布局仍需要规划从业者们不断进行探索。

其实作为一个中国球迷，当然希望有朝一日看到中国足球能够取得长足进步。现在时机来了，规划从业者们，我们也有机会参与其中了。不管你是否是足球迷，你都需要研究一下足球，研究一下中国足球了。

3.1.4 墙壁，给城市穿上"潮衣"⑥

近年来三维（3D）魔幻艺术馆逐渐兴起，这种新颖的艺术形式吸引了大量游客的前往。那么3D魔幻艺术馆是什么？简单来讲，它以3D壁画为主，利用平面透视的原理，制造出视觉上的虚拟立体效果，从而带给参观者一种沉浸式的体验。不同于以往简单的壁画欣赏，它不仅能给参观者带来视觉的享受和冲击，而且能够让参观者参与其中，增强其体验感，这正好符合体验经济时代人们的需求。那么这种新颖的形式除了能在艺术馆里展现，其他领域是否还可以利用到呢？

我不禁想到了前段时间看到的一篇公众号文章中提道："他在北京破墙上画了2只大熊猫，然后就被举报了……"（图3-2）。殊不知这两只逗趣的大熊猫给多少路过的人带来了惊喜，很多人转身的一刹那都笑出了声，它们的存在给这座城市带来了些许生活的气息与活力。类似这类墙

图 3-2　画有大熊猫的破旧墙壁

面涂鸦还有很多（图3-3），但最后都难逃被刷子刷掉的命运。

图3-3　墙面涂鸦

对于涂鸦的态度，社会的包容度似乎还不够，当然这里的涂鸦不等于乱涂乱画。在大多数人看来，好像放在房子里面"圈养"的就是好的，放在外面"散养"的就是坏的。设想一下，当心情失落的你路过一片建筑废墟或者空置的工厂时，眼前突然出现了一个个活灵活现的"生命"，你是否会感到一丝温暖，是否会感到这座城市的灵气？那些不再有使用功能的土地、建筑迎来了新的住客，它们为自己的"新家"贡献了新的力量。如果没有涂鸦，两只大熊猫的"家"以前只能算是废墟，根本不会引起路人的驻足。

因此如果街头涂鸦被规范地管理的确可以给我们的生活环境带来积极的影响，可是在不同的地区，对待涂鸦作品的态度却截然不同。在我国大部分的城市，涂鸦作品依旧被当作广告来对待，在很多人的意识里涂鸦就等于乱涂乱画，它有损城市的形象，是一种视觉污染。我不支持个人随意地在公共空间进行个人创作，但是我也不认可因为事物存在一定的弊端而否定事物存在的合理性。在一定的管制下，墙体涂鸦值得推崇，它不只是艺术的传播，更是城市美化、城市更新的有利补充。依靠墙体涂鸦给地区带来活力的案例有很多，下面做一下介绍与分析：

（1）重庆黄桷坪涂鸦艺术街

黄桷坪涂鸦艺术街位于重庆市九龙坡区黄桷坪辖区，全长1.25 km，总面积约为5万 m²，它是我国乃至世界最大的涂鸦艺术作品（图3-4）。在成为涂鸦艺术街之前，这里有很多外观破旧不堪的老建筑，影响了城市形象，因此，急需找到一种合适的方式对其进行改造提升。政府部门和四川美术学院的艺术家们经过多次商讨，最终大胆地决定以涂鸦的方式对这一片区的外观进行改造提升。令人惊喜的是，这一方案一经推出便大获好评。涂鸦艺术街作为重庆市推进创意文化产业的一项创新举措，目前已经发展成为重庆的一处文化地标。

图 3-4　重庆黄桷坪涂鸦艺术街

（2）丽江金龙村九色玫瑰小镇

　　白墙黛瓦是丽江大多数小村落的模样，丽江的金龙村也不例外。2016 年以前金龙村是一个很普通的小村子，然而伴随着九色玫瑰小镇计划的提出与实施，小镇彻底改变了以往的面貌，重新焕发了活力。小镇的 442 栋传统房屋被刷成了 9 种不同的颜色，放眼望去，只见红的、粉的、绿的、蓝的等各色院落相互交织，宛若童话世界一般（图 3-5）。

图 3-5　丽江金龙村九色玫瑰小镇

　　丽江自古是一个多民族聚居地，纳西族、白族、彝族多风格民居元素相融。这次改造既保留着原有的瓦房样式，又融入了多元素的 3D 壁画，是民族文化与现代艺术结合的产物。壁画的创作风格多样，既有极具艺术效果的飞机、奔马、花海，也有取材于本土景象的大山、电站大坝和人物形象（图 3-6）。

图 3-6　丽江金龙村九色玫瑰小镇 3D 壁画

（3）浙江舟山南洞艺谷

2012 年，南洞村聘请中国美术家协会会员、浙江师范大学客座教授张高俊创办群众艺术创作中心，依托海洋文化资源优势，积极打造集创作、研发、展示、培训等于一体的渔民画原生态基地。如今，南洞村已经有 100 余人参加了培训班，并成立了民间艺术创作团队。村里随处可见的渔民画充分展现了渔村独具特色的风土人情，渔民们画着自己的感情，画着自己的梦，画出了我们眼前的蓝色天堂。

由于南洞村毗邻海滨小岛，因此这里的绘画基本以大海的颜色——蓝色为底色，题材也多以海洋文化、渔民日常生活为主（图 3-7）。这些渔民画少则可卖四五百元，多则可卖上千元。绘画真正成了南洞富民增收的有效渠道，给这个小村庄带来了新的希望。

图 3-7　南洞村渔民画

我们的彩色世界还有很多。在城市，多存在于艺术区；在乡野，特色小镇则承载了它的魅力。这些无处不在的涂鸦，如果被合理地设计与运用，便能体现出它们的价值。涂鸦作品不仅反映了当地人对艺术创意的追求，而且代表了城市的特有文化与城市性格。而城市性格，就是我们一直在寻找和强调的东西，它使城市之间存在差异性和可识别性。涂鸦以它创意绘画的方式，表达了城市的性格。同时它也给原住民带来了创利的福祉，给外来人带来了审美的福祉，给这个地方的每一栋建筑、每一个故事、每一句方言铸就了更坚固的襁褓。

3.1.5 色彩，辨识城市活力的第一感⑦

2016 年，里约奥运会的举办，让里约热内卢这座城市逐渐被大家所熟知。比起微博上大家更为关注的里约美食、里约美景、里约热情洋溢的人民等，我更感兴趣的是这座城市不羁的色彩。无论是靠近滨海富人街区整齐划一的米黄与纯白（图 3-8），还是靠近山区贫民窟的色彩斑斓（图 3-9），都让我觉得她配得上"天使之城"的美誉。

图 3-8　里约热内卢滨海建筑

图 3-9　里约热内卢贫民窟

城市色彩对于一座城市的辨识度来说是极为重要的，我们接收的所有外界信息有 80% 是通过眼睛看到的，所以对于任何一座城市的第一印象便是这座城市中的建筑、街道、广场、标识等色彩。前些日子我去了武清的奥特莱斯，吃喝玩乐之余最让我感到有意思的是这座小镇的建筑色彩。

眼前这座佛罗伦萨小镇（图 3-10）是中国首座纯意大利风格的大型高端名牌折扣中心。小镇建筑设计以意大利风格为主，建筑颜色以象牙白、纯白、米黄、砖红为主色，其中还包括浅粉、土黄、品红等点缀色，完美突显地中海式的城市色彩和建筑风格。

图 3-10　武清佛罗伦萨小镇

此情此景不免让我想到国外不同城市鲜明的城市色彩，以及与之对比强烈的我们国家模糊不清的城市色彩辨识度。现阶段我国城市色彩规划更多借助于城市设计来体现，但因城市设计并未被列为法定规划，实施效力并不高。随着社会经济的发展，国内城市色彩越来越受到重视，并逐渐在我国诸多城市中形成了较为突出的、可供借鉴的范本。下面我们先来看看世界各地最具代表性的城市色彩吧！

（1）欧洲城市中心、法国首都——巴黎

巴黎城市包括新老两个城区，其中老城区主要由具有上千年历史的老建筑构成，在色彩规划上，无论是历史古迹还是普通民居，除了埃菲尔铁塔等个别现代建筑物之外，主要由深灰色与奶酪色构成。建筑物的屋顶采用深灰色色系，而建筑物墙体则由集典雅与浪漫于一体的奶酪色系构成，这两种颜色成了巴黎这座城市的标志性色彩（图 3-11）。同时巴黎在其他辅助性色彩构成上灵活地运用了黄色调，如耀眼的金黄色建筑装饰、交通标志牌中的柠檬黄色等。

图 3-11　法国巴黎老城区

新城区是一个与老城区完全不同的新型城区，现代化风格浓重。新城区色彩多采用明朗冷峻的色调，以突显现代化的金属、玻璃幕墙以及钢筋混凝土的建筑材质，主要由不同色调的灰色系、蓝色系等构成，局部会辅以一些突出建筑特色的孔雀绿、褐红等颜色，让整个新城区在不会显得单调乏味的同时又具有很强的对比，从而突出艺术效果。

（2）享誉全球的水上城市——意大利威尼斯

威尼斯是意大利东北部的一座古城，主城区建在离岸 4 km 的海边浅水滩上，由于坐落在岛屿之上，四面环海，海洋色彩成了威尼斯最为自然的城市色彩，与此同时，陶红色与色彩丰富、互相协调的红黄暖色系成了这座城市最具有代表性的颜色特质（图 3-12）。

图 3-12　意大利威尼斯

陶红色的屋顶几乎覆盖了整个威尼斯，其中有些许点缀的大型公共建筑的白色穹顶，与蓝绿色调的海洋形成鲜明的色彩对比。建筑墙面主要由米黄色、粉橙色、浅红色、黄褐色等暖色系构成，另外有少许乳白色作为细部点缀色。色彩的多元化源于威尼斯这座城市的历史，古代威尼斯与周边国家战事频繁、商务贸易往来密切，所以在这种民族大交融中形成了一种当地地域独特的色彩美，丰富、和谐而不凌乱，与此同时，又与城市中偏冷色的蓝绿水系形成互补，成为城市色彩中极具魅力的佳作。

（3）充满人文关怀的瑞士首都——伯尔尼

伯尔尼以冷色调——浅灰绿色为城市的主色调，这在其他城市是较为少见的（图 3-13）。浅灰绿色的墙体和灰红色的屋顶，为整座城市营造出一种幽静、安详且充满人文关怀的氛围。

图 3-13　瑞士伯尔尼

（4）日本现存历史最悠久的古城——京都

京都是按照我国唐朝的西安和洛阳古城格局所建，至今已有 1 000 多年历史，集中体现了日本的传统文化和民情风俗（图 3-14）。

图 3-14　日本京都

从整体上来看，京都的色彩基调大致呈现出灰白色调，显得安详而平静，只有少部分的牌楼颜色较为艳丽，呈现出深红色调，强烈鲜明的颜色对比更突出了京都这座城市宁静致远的文化素养。

（5）国内城市色彩现状与存在的问题

色彩基调不统一：城市色彩基调不统一，导致城市色彩混乱。每个城市片区、组团、街道的建筑色彩都各不相同，走在其中没有整齐划一的感觉，不同建筑竞相通过不同颜色突出自己。

色彩视觉污染严重：城市中建筑用色的混乱和无序、随心所欲的涂抹已成为家常便饭。所谓视觉污染，是指视觉所及之处建筑不美观、规划布局不合理、色彩不和谐等，严重的甚至会对人的心理造成伤害。

色彩标识作用不强：城市街道上建筑与附属小品的滥用及规划管理的缺位，以小见大到整座城市缺乏自身特色，不易给行人留下印象深刻的记忆。

随着国内对于城市色彩规划的意识提高，城市的管理者和学者们纷纷开始探索并颁布实施与城市色彩规划相关的管理规定。2000年，北京市市政市容管理委员会编制的《北京城市建筑物外立面粉饰推荐色样》发布，其中明确提出北京城市建筑物外立面色彩主要采用以灰色调为本的复合色，以创造稳重、大气、素雅、和谐的城市环境，这一规定为北京市城市色彩规划提供了指导。而我国国内第一次在城市规模上编制城市色彩景观的专项规划则出现在辽宁省盘锦市，它用城市色彩来塑造本市的城市形象，为其他城市的色彩规划提供了参考。

3.1.6 开放空间，可以交往的活力空间[8]

近年来，我国城市发展日新月异。特别是一二线城市，随着城市土地的不断扩张，无数栋高楼如雨后春笋般拔地而起。然而在城市飞速建设的今天，如何才能使城市变得更适合大众生活、休憩，一直是我们亟须解决的问题。下面将从城市开放空间这一角度，为解决这一问题提供一些思路。

城市公共开放空间，顾名思义指的是供居民日常生活和社会公共使用的室外空间，它包括街道、广场、居住区户外场地、公共绿地及公园等[9]。从广义和狭义两个层面来讲，广义的开放空间是指城市中完全或基本没有人工构筑物覆盖的地面和水域；狭义的开放空间是指城市公共绿地。城市的公共开放空间对一座城市的开发建设有重要的影响，好的城市公共开放空间能够增加城市的活力和大众相互接触的机会，提高城市的辨识度，能够成为一座城市的地标性场所，甚至从一定意义上来讲，它会成为城市发展的有力抓手。

作为一个在哈尔滨生活多年的半土著，首先映入脑海的就是哈尔滨的中央大街（图3-15）。作为哈尔滨的地标性步行街，中央大街的营造算得上是公共开放空间的经典案例。

图3-15　哈尔滨中央大街

漫步哈尔滨，你会发现这座城市有一个很明显的特点，那就是它布满了欧洲风格的建筑，比如道外区随处可见的"洋葱头"，各式欧式风格的教堂等。那么为什么哈尔滨这座城市有这么多的欧式建筑呢？原来哈尔滨在建城时是按照莫斯科的城建模式设计的，因此很难找到中国传统正南正北的方正格局，建筑也有很多是以前俄罗斯人修建的，即使是近现代的新建筑也大多模仿欧洲的建筑模式。因此哈尔滨拥有"东方莫斯科""东方小巴黎"等素有异国风情的别称。

作为哈尔滨最著名街区的中央大街，它的形成与哈尔滨的开埠密不可分，这一特色鲜明的百年老街，见证了哈尔滨百年的发展变迁，这里布满了很多文艺复兴时期的巴洛克、古典主义、折中主义、新艺术运动等风格的欧洲城市建筑。除了拥有悠久的人文历史，它也是亚洲目前最大最长的步行街，全长超过1 400 m，终点是松花江畔的防洪胜利纪念塔广场。

上学时曾读过简·雅各布斯的《美国大城市的死与生》一书，该书中作者提出了一个核心观点——多样性是城市的天性，这点我记忆犹新。书中还提出了关于城市街区改造的几点构想：对传统空间的综合利用进行小尺度的、有弹性的改造；保留老房子，从而为传统的中小企业提供场所；保持较高的居住密度，产生复杂性；增加沿街小店铺以增加街道的活力；减小街区的尺度，从而增加居民的接触[3]。下面我就从这几点入手，浅谈一下中央大街的公共开放空间的营造：

首先，中央大街具有风格多样的建筑（图3-16）。正如前文所言，中央大街汇聚了欧洲不同风格的建筑，这些建筑风格在西方建筑史上都具有很强的影响力，它们是西方建筑艺术的精华。这些美妙的山花和柱式，不同的建筑风格，使人们穿梭在其中时既感受到现代街区的魅力，又冥冥之中感觉自己徜徉在欧洲的小镇里。这种对传统空间的综合利用既是对原有城市文化的延续和传承，又增加使用者对城市空间的亲密感，让公共空间不再成为单一的存在，而是成为一个包含的有机体。

图 3-16　建筑风格多样的哈尔滨中央大街

　　其次，就是中央大街惬意的尺度感（图 3-17）。行走于步行街，除了宽广的街道，你会发现街道两边的建筑高度都不是很高，大部分集中在 12 m 至 24 m 之间，这种高宽比使人既感觉不到空间的空旷而忽视了建筑的存在，有效地将空间和建筑分割开来，同时又使人感觉不到街区建筑的高大压迫，进而能够产生围合感。

图 3-17　尺度宜人的哈尔滨中央大街

　　然后，中央大街两侧丰富的店铺增加了街道的活力。在这条超过1 000 m 长的步行街上，既有各种满足饮食需求的小商铺、咖啡馆，又有具有琳琅满目货物的俄罗斯商品店，从头到尾，不断映入眼帘，使人应接不暇，形成了丰富的、具有活力的空间。这些小商铺，大多建立在原有老房子的基础上，既对街区的历史性保护做出了贡献，又可以引导行人增加活动交流的机会。

　　最后，值得一提的便是中央大街在空间节点营造和方石块路面铺装方面的可供借鉴之处。中央大街作为目前亚洲最长的一条步行街，难免会因街道纵向立面过长而产生死板与单调的感觉，而众多小广场、雕塑景观小品的注入，给原本冗长的街区增加了新的活力。同时，空间景观的引入增加了空间的开敞性，为中央大街举行大型活动提供了集散场所。另外，这些景观、雕塑也都十分精美。如果是在冬天，还会有各式各样的冰雕、雪雕罗列其中，时不时就会使人眼前一亮。关于路面的铺装，设计者也是匠心独运。行走在中央大街起起伏伏的花岗岩上，仿佛在穿越哈尔滨百年的时光隧道，每一步都像是对哈尔滨这座城市历史的摩挲。这些景观的营造增强了公众之间的亲近感和公众积极探求的欲望，创造了良好的体验感受。

3.2 以用户为目标的人性化场所营造

3.2.1 城市道路的风景塑造[⑩]

经常出差的人都会有种感觉，即路上的风景是疏解出差压力的重要因素。或许，道路已经成为我们日常生活中最常接触到的城市界面之一。随着时代的发展以及人们对环境品质要求的不断提高，道路景观化日益成为未来的一种发展趋势。这就要求道路除了要具有基本的交通功能以外，还需要具有美学、生态、旅游等多样化的功能。相信很多同行都读过不少关于街道美学的经典书籍，例如芦原义信的代表作。结合规划实践，如何才能提升道路的环境品质，实现道路的景观化呢？尤其是对于一些快速城市化地区，一条道路不仅仅贯穿了城市与郊野，更缝合了城市与乡村。

汕头就有这么一条特殊的国道承载了全市重要的交通职能，除了"忙碌"似乎已经找不到其他的字眼来形容它，这条国道就是G324。这条国道曾经带动了汕头全域经济的发展，甚至至今仍然是一条经济大动脉。然而，生于斯长于斯的居民已经不仅仅希望它只剩下"忙碌"的属性，更希望它能够成为城市中的一道"风景线"。由此，G324国道两侧环境品质提升诉求呼之欲出。我们在汕头也参与了不少G324分段的规划设计，G324（洋汾陈—东区界段）就是一个典型的分段。

（1）G324（洋汾陈—东区界段）的再认识

潮南区位于汕头市西南，是汕头重要的"6+1"生态都市组团之一（图3-18、图3-19）。G324国道横贯潮南中心城区，是中心城区对外联系和进城的主要通道（图3-20），其道路景观环境将是城市对外展示的重要窗口和界面。因此，它应是潮南中心城区重要的形象大道，在城市空间环境和经济发展方面对潮南中心城区都有着重要的意义。但其现状却存在诸多问题，难以满足城市建设和发展的需要。如何对G324国道进行全面的提升，使其在设计、管理和开发引导上具有现实可操作性，是我们需要重点考虑的问题。

图 3-18 潮南区位图

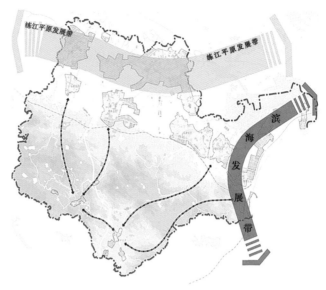

图 3-19 潮南区两大发展带

定位不仅仅是发展的方向，更是规划设计的纲领。结合潮南区的未来发展方向与 G324 国道在潮南中心城区的重要地位，G324 国道被定位为"潮南人的家园之路"。我们希望通过对潮南区 G324 国道两侧环境品质的提升，满足其未来城市建设发展的需要，最终使 G324 国道能够成为一个展示潮南特色文化、品质生活以及创新发展的窗口，成为潮南人心中的家园之路。

（2）如何实现潮南人的家园之路

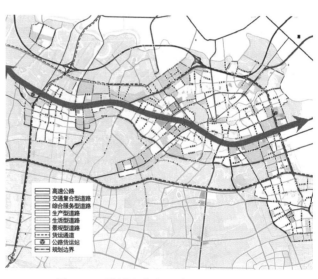

图 3-20 横贯潮南中心城区的 G324 国道

要让 G324 国道成为有风景的道路、有吸引力的道路，如何提升道路两侧环境品质是核心问题。在具体的策略方面，我们从文化的塑造、景观的提升、交通的优化以及开发的引导四大方面进行了详细的思考。

首先是文化的塑造。文化是城市的灵魂，是特色化设计的基础。对于这条国道而言，更是凝聚了潮汕群众奋斗拼搏的记忆和日常生活的点滴。在调研的过程中，我们尽可能提取和挖掘潮南城市文化特色，结合城市风貌的塑造和文化空间的设计，来打造独具特色的城市形象。

其次是景观的提升。所谓风貌，风是指其空间灵魂（文化），貌则是指其空间形象（景观）。景观是环境品质的直接体现，景观的提升不仅仅是简单地对环境进行绿化，还包括对建筑风貌、街道设施以及街道重要节点的改造设计。通过一系列的景观改造措施，来全面提升 G324 国道的景观品质。

再次是交通的优化。交通功能是道路的基本功能，是其他设计的基础。交通问题不解决就很难塑造一个宜人舒适的道路空间，更不要说风景了。在研究中，我们结合 G324 国道的现状，提出具有可操作性的道路优化方案，改善 G324 国道交通环境。

最后是开发的引导。结合国内外先进的城市建设经验，我们对 G324 国道的更新改造提出了引导性的控制策略和开发建议。潮汕地区有着自己特殊的治理方式，市场和社会力量对城市更新的影响巨大。整合好政府、社会与市场的力量才能找准开发路径。

（3）规划实践中的探索与尝试

具体到规划设计，在文化塑造方面，抓住街道在不同区段中所体现的崇商文化、市井生活、纺织产业等潮汕特征，细化"家园之路"的主题内涵。通过不同区段的文化挖掘，构建面向中远期、分段亮点鲜明的整体魅力空间体系。以 G324 国道为城市魅力展示轴，自西向东形成风尚宜居风貌段、城市中心风貌段、传统特色风貌段以及门户新城风貌段，形成"一轴、四段、四点"的特色空间体系（图 3-21）。

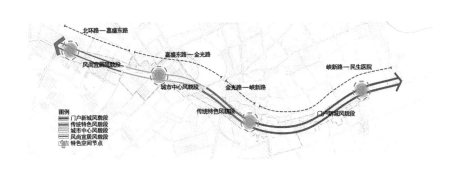

图 3-21　沿街魅力体系空间设计

基于四个风貌段各自的特色，我们确定了其不同的主导功能与发展目标。其中，风尚宜居风貌段以居住为主导功能，在设计时注重人性空间的打造和居住品质的提升，将其打造成为具有宜居、时尚特色的现代潮南家园之路；城市中心风貌段以商业、办公、居住为主导功能，致力于将其建设成为界面连续、功能一体、利益共赢的高品质城市商业中心街区；传统特色风貌段以商业、居住为主导功能，结合潮汕文化特色，将其打造成为具有历史文化底蕴的城市特色街区；门户新城风貌段以商业、行政、居住、工业为主导功能，致力于将其打造成为具有综合城市文化特色和新城风貌的城市东侧门户区。沿线四大风貌空间的设计，彰显了潮南区传统与现代、经济和文化的系统性空间感知。

四个节点的设计则以四大风貌特色为基础，风尚宜居风貌段的节点设计注重城市特色和街道生活氛围的营造，通过以"嵌瓷"和"飘带"为意向的雕塑景观设计和街道休闲设计以及景观树池的一体化设计，综合塑造了潮南时尚文化、历史文化和宜居家园的城市特色形象；城市中心风貌段的节点设计注重城市中心商业氛围和商业活力的营造，节点设计通过对可改造路段的绿化景观设计和停车位的设计以及交通引导，实现了商业路段景观和交通功能的统一，从而优化了步行环境，提升了街道的品质和吸引力；传统特色风貌段的节点设计注重潮南历史文化的展示和生活氛围的营造，节点设计以峡山大溪的景观设计为重点，通过亲水景观的设计和文化墙的设计，该路段成为城市居民日常休闲娱乐和历史文化教育的重要城市空间；门户新城风貌段的节点设计注重新城风貌和城市历史文化的综合展现，节点设计通过现代中式建筑风格的引导和城市入口雕塑的设计加以实现，塑造了具有热带城市景观和历史与现代文化交融的潮南城市入口形象。

在城市景观提升方面，为了进一步重塑街道空间原有的"潮汕水乡"特色，我们致力于通过景观设计恢复街道空间的生态秩序。针对街道沿线现状设计四个口袋公园，每个公园的设计都充分基于现状条件并只进行局部小改动，在最大限度契合潮南区现状的情况下，使四个节点的环境改造和提升行动成为引导全段更新的"触媒"，从而使潮南区公众真正感受微小的更新同样可以带来环境品质的改善（图3-22）。

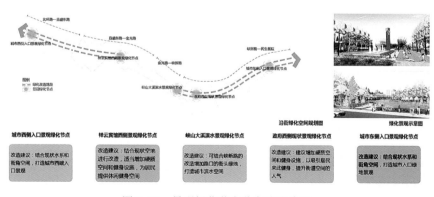

图3-22 景观绿化节点分布改造建议

除了生态秩序的恢复，对于G324国道而言，商业秩序的提升也是城市景观提升的重要方面。G324国道是传统的商业集中区域，因此设计中对街道空间的商业秩序进行了重点提升。通过对G324国道城区段两侧各7 km的沿线空间的风貌特色、街道色彩、广告控制等方面进行了重点把控，重塑沿线商业氛围（图3-23）。

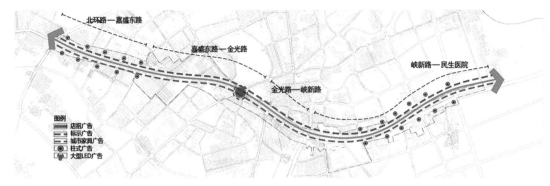

图 3-23　沿线商业广告布局规划

　　在交通优化方面，在其现状道路断面基础上，增加自行车和摩托车混行车道，增加交通空间，改善交通环境。近期混行车道可通过道路画线或涂刷颜色的方式进行交通疏导，远期建议将混行车道的地坪抬高，与人行道的高度一致，这样有利于交通的分流和混行车道的交通安全（图 3-24）。

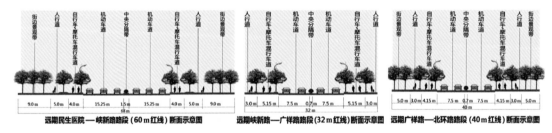

图 3-24　交通车道布局规划

　　在开发引导方面，采用潮南区的"新城市街道公共设施特许经营（SFC）模式"（图 3-25），即将沿线街道家具、开放空间、道路绿化与相应的广告经营权一同打包，并结合不同路段的文化形象形成可出让的分段经营主题；政府扮演项目引导者的角色进行改造监管，调动感兴趣的企业家、乡贤就分段项目进行投资与经营。政府制定标准，企业根据标准建设，保证了城市空间的协调有序，同时将经营权授予企业，政府不仅可以减少财政支出，而且能够获得后续的收益。

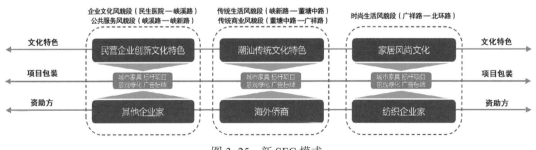

图 3-25　新 SFC 模式

道路的环境品质提升是一个系统性的工程，单从设计角度出发远远不够，还需综合考虑运营管理等各方面的问题。G324国道通过文化的塑造、景观的提升、交通的优化和开发的引导，实现了其两侧环境品质的提升，成为兼具交通、美学、旅游综合功能的景观大道。这不仅对提升潮南区的形象有重要作用，而且体现了一种对人的关怀，对地区文化的一种新认知与新发现。

3.2.2 黄河岸边的人文情境[⑪]

第一次到河南的时候，就被河南深厚的文化所震撼。还记得参加孟津一个规划项目的时候，在前往规划场地的路上一次又一次被沿路的路标所触动。不夸张地说，沿途所见都是只有中学历史课本或者城市规划史中才能看到的文化遗存，而今却近在咫尺。从书中读到的感受远不如实地亲临的感受。此后，每一次前往河南参加项目无不怀着一种文化上的敬畏之心，唯恐哪一句话说错了或是哪一段文字写错了。

黄河是中华民族的母亲河，是华夏五千年文明的根源所在，而黄河中下游的河洛文化是黄河文明的核心。河洛地区不仅有远古三皇五帝的传说，而且有丰富的历史遗迹，是夏商周三代王朝的国都，也是中华民族寻根探源的必去之地。而孟津地处河洛地区，那里的规划实践给我们留下了深刻的印象。

（1）孟津，河洛的源、根、祖文化

洛阳是河洛文化的中心、世界历史文化名城。它不仅"建都最早、朝代最多、历史最长"，而且是璀璨的中华文化代表之一，众多华夏人文遗迹分布在这里。例如，人文始祖伏羲在此授河图、创八卦（图3-26、图3-27）；炎黄二帝生于斯、长于斯，华夏文明由此开启，炎黄子孙由此发祥。洛阳的这些世界级优秀文化遗产赋予了孟津更多的发展内涵。

孟津县南与洛阳市毗邻，北临黄河，得天独厚的区位优势以及水运、铁路、公路、航空等完善、便利的交通（图3-28），都为孟津走向国际

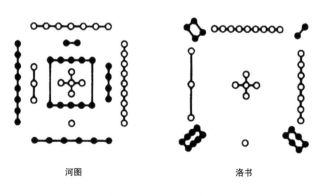

图 3-26　河图、洛书

图 3-27　八卦图

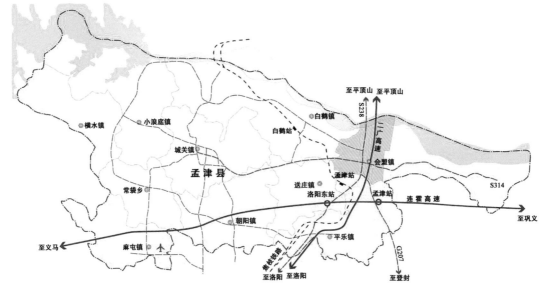

图 3-28　孟津县交通区位

提供了良好的条件。孟津县拥有伏羲文化、祭祀文化、非物质文化遗产文化（以下简称"非遗文化"）、根亲文化、风水文化等丰富的非物质文化资源（图 3-29）。这些历史文化资源也是河洛文化大发展、大繁荣的最佳助力要素。规划的初衷之一就是希望能够将中华河洛非物质文化遗产介绍给世界，使其逐渐被世人了解、认知、传承。

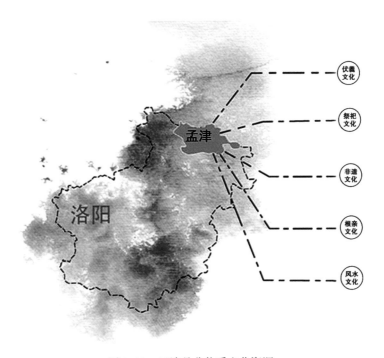

图 3-29　孟津县非物质文化资源

一个文化展示园（图3-30）自然难以承载所有河洛文化的内涵，因而我们将中原河洛的"源""根""祖"文化作为园区展示的重点。进而以此为出发点，打造洛阳另一个文化增长极。不求全，但求准。经过多次的专家研讨和地方交流，最终项目团队达成了共识。我们要致力于将这个小小的园区打造成为河洛非物质文化遗产展示地，营造面向所有华夏儿女的黄河岸边精致文化空间。

图3-30　孟津河洛文化展示园范围

（2）非物质文化遗产资源的活化

如果只建设一个文化展示空间，那么投入大量的资金终究可以建成。文化空间营造的难点在于它是否具有很强的体验性和参与性，也就是所谓的物质空间活化问题。在规划过程中，我们一直在思考和研究这个问题，进而总结了几个需要遵循的规划理念。

首先，规划应尊重传承历史文化的需要。规划将以传统宗法性宗教为核心的敬天法祖的宗教制度与民间信仰习俗紧密结合，充分挖掘伏羲始祖文化、河洛文化的内涵，力图将孟津传统文化价值最大化。其次，规划应延续场景体验的需要，以原生的传统村庄为载体，将历史的缩影充分显现。规划对村庄的现状肌理进行详细的梳理，引入水系，保留现有的建筑文化基础，与河洛文化展示园的功能相协调，做到既保留了村庄肌理的同时又把传统文化展现在世人的面前（图3-31）。最后，规划应满足现代生活游憩的需要。规划以龙马负图寺为核心产品，以其深厚的历史文化底蕴为依托，加入酒店、会议、非物质文化遗产、养生、文化创意产业等活力因子，促进整个项目的发展。这三个理念兼顾了文化传承与现代生活的发展需要，是对传统文化资源的一种活化利用。

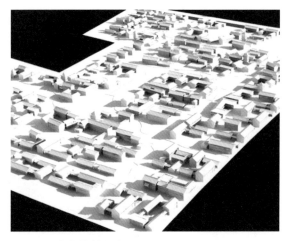

图 3-31　孟津传统村庄布局

　　根据这些规划理念，整个设计方案紧紧围绕文化要素展开。一方面，在尊重传统文化的前提下参考了传统风水理论中的一些布局原则（图3-32）；另一方面，在结合规划、建设与运营的原则下引入现代触媒规划理论。在孟津河洛文化展示园区内设立伏羲始祖文化区、河洛文化展示区、河洛酒店会展区、河洛文化商业区、龙马产业园区等不同的文化功能区，以满足不同的消费需求，力图使整个园区做到文化学习与休闲体验完美结合。

环抱水　　　　　　　　　太极意向　　　　　　　　河图湖

图 3-32　风水理念在规划中的运用

　　下面不妨以三个功能区为例，一起探讨一下园区规划设计中的一些体会。园区中重点功能区首推伏羲始祖文化区，这个功能区的规划目的是为当代人祭祀上古三皇提供一个空间场所。它由羲皇宫、华夏神道宫、神农养生馆组成，以伏羲文化、易文化、华夏族古代神话文化、养生文化为核心，打造集朝拜、祭祀、文化展示、休闲游憩等功能于一体的综合性大型景区（图3-33）。这个空间的设计基本上遵照了传统风水学中的空间秩序，并结合游客的行进线路设计了不同的场馆。园区除了需要有举办大型活动的文化体验功能区外，还需要有能够让游客驻足停留、休憩度假的功能区，即后面要提到的这两个分区。

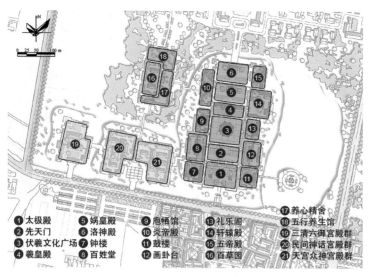

图 3-33　伏羲始祖文化区空间布局图

① 太极殿　　⑤ 洛神殿　　⑨ 庖牺馆　　⑬ 礼乐阁　　⑰ 养心精舍
② 先天门　　⑥ 洛神殿　　⑩ 炎帝殿　　⑭ 轩辕殿　　⑱ 五行养生馆
③ 伏羲文化广场　⑦ 钟楼　　⑪ 鼓楼　　⑮ 五帝殿　　⑲ 三清六御宫殿群
④ 羲皇殿　　⑧ 百姓堂　　⑫ 画卦台　　⑯ 百草园　　⑳ 民间神话宫殿群
　　　　　　　　　　　　　　　　　　　　　　　　㉑ 天宫众神宫殿群

　　河洛文化展示区（图3-34）的规划目的是展示河洛博大的文化遗产。
通过复制、迁移、新建等手段，构建了一个以河洛文化、易文化为核心
的文化展示和商务游憩区。值得注意的是，我们在规划设计中将传统文
化融入现代企业生活中，设计了以河洛文化、易文化为主体蕴含深厚
文化底蕴的企业会馆群，更好地实现了传统文化的价值。

图 3-34　河洛文化展示区空间布局图

　　河洛酒店会展区则通过打造河洛十三朝博物馆酒店和晋明国际会议
中心这一商业业态，实现了河洛文化展示与利用的双重价值。

孟津河洛文化展示园规划的目的是为河洛地区非物质文化遗产找到一个集中展示的空间载体。规划设计不仅在空间规划布局与风格上传递了区域文化的内涵与理念，同时通过企业会馆、博物馆酒店以及会议中心等具有现代功能的设施布局，使河洛文化具有了现实意义和利用价值，对河洛文化的传播与传承具有重要意义。

3.2.3 榕江南岸的都市田园⑫

生活是一座围城，住在城里的人总羡慕田园的淡薄，而住在乡间的人又向往城市的喧嚣。霍华德曾经在百年前提出了独具人文色彩的"田园城市"理论，它也成了几代规划人追求的愿景。对于中国人而言，田园城市的概念中又多了不少的乡愁在里面。

一方面，我们在大力推动新型城镇化；另一方面，我们从未间断过对乡村地区的投入与支持。每年的中央一号文件都聚焦农业问题，为农业发展指明方向。虽然传统农业地区的发展相对滞后，但是农业地区所具有的生态资源却是其未来发展的巨大潜力。城市资源、生态资源与农业资源融合已经成为新型城镇化与乡村振兴的重要发展路径。在汕头的潮阳区，我们找到了一块试验田，让我们可以沉下心好好思考这个议题。

（1）潮汕南部的新走廊——榕江南岸

2017年，中央一号文件提出农业"新经济"，与此同时，汕头市提出以"一湾两岸"为核心，以潮阳、潮南和澄海、南澳为两翼建设"大汕头湾区"的战略部署，为榕江区域发展带来了新的思路（图3-35）。榕

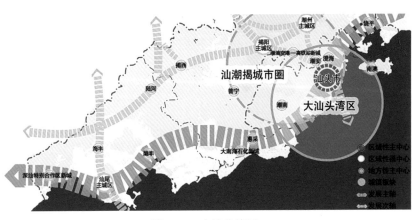

图3-35 大汕头湾区

江南岸城镇化水平较低，以农业为主导产业，拥有三捻橄榄、乌酥杨梅和姜薯三大国家地理标志产品，农业发展基础良好（图3-36、图3-37）。但是由于农业空间碎片化、农业产业链缺乏延伸等，片区发展面临收益下降、人口外流、生产生活服务水平低下等一系列问题。与榕江南岸不同的是榕江北岸的"中以（汕头）科技创新合作区"具有多项优势产业，它对更多的创新人才形成吸引。在这种背景下，榕南片区应积极转换发展思路，挖掘发挥自身农业及生态环境优势，实现"弯道超车"。

图 3-36　潮阳区榕江南岸

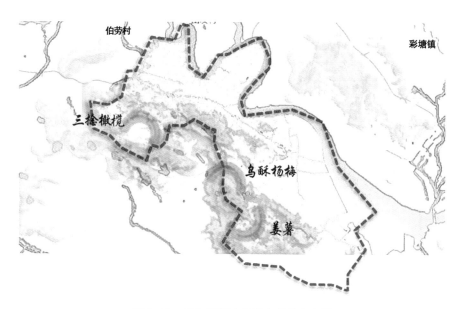

图 3-37　三大国家地理标志产品分布图

（2）打造一个现代潮汕都市田园梦

榕江南岸的优势资源与条件让我们不禁想到了山、水、城、田融合的画卷。要打开这幅画卷，规划需要做的必然是坚持保护生态、普惠居民和持续发展的思路，促进生产、生活、生态融合发展，将榕江南岸打造成为大汕头湾区田园综合体。具体来说，通过对特色资源的再挖掘，明确了"生态优势转化为经济优势、基础农业转化为农特品牌、传统制造业转化为创新产业、城乡配套转化为休闲服务"的四大转化机遇，进而提出了榕南片区"以建设现代潮汕都市田园为主题，以新经济、新生活、新休闲为内涵"的规划主线（图3-38）。

图 3-38　榕南片区规划主线

（3）不仅仅是图层叠加，更重要的是空间融合

在大汕头湾区田园综合体定位和规划主线的基础上，我们分别针对生态、产业、空间提出了三大发展策略。当然，这三个策略不能仅仅看作是不同层面的图层叠加。生态、产业和空间要素本身是相互嵌套的，绝非是 1+1+1=3。如果将其看成是最终能够划归到空间上的不同要素，那么它们自然就成了有机融合的空间要素。

在生态管控方面，要想实现现代都市田园的格局就必须重塑现代潮汕田园景观，识别绿野下预控建设空间。几个规划方面的规定性动作还是必须要有的。例如，首先划定生态红线，实施严格的分区管控，构建"基底＋版块＋廊道"的生态景观格局，以保护榕南生态系统多样性（图3-39）；其次立足榕南南山北水的生态本底，梳理蓝绿体系，打造绿网连通的榕南生态景观格局（图3-40）；最后针对景观的不同特征对规划区内的绿地空间进行分段塑造，打造不同特色风貌的景观形象（图3-41）。而这个过程的关键在于如何从这些生态要素的点、线、面中挖掘出支撑其他诉求的生态空间要素，这个才是生态管控规划过程中思考的难点。如果仅仅依赖数据、定量分析，而不进一步从战略角度评估生态资源，那么最后的结果肯定是生态空间要素的碎片化布局描述，而不是具有战略思维的规划了（图3-42）。

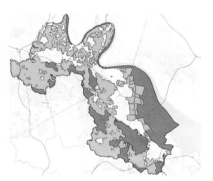

图 3-39 榕南片区生态红线管制

图 3-40 榕南片区生态景观格局

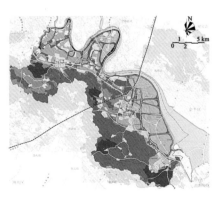

图 3-41 榕南片区绿野生态格局

图 3-42 榕南片区生态廊道规划

在产业体系方面，深度搭接"区域创新源"技术外溢，制定"农业＋智造＋服务"新经济体系。承接"中以（汕头）科技创新合作区"技术外溢的三大机会，构建新经济复合体系。榕江北岸的"中以（汕头）科技创新合作区"具有轻工装备、新材料、新能源、玩具娱乐等方面的核心技术优势，榕南片区可以基于潮阳的现状制造业种类，承接"中以（汕头）科技创新合作区"的核心技术，进行技术转换和中试，主要发展新材料和新能源技术，并向周边主要生产地（谷饶、贵屿等）输出，实现产业升级发展；利用"中以（汕头）科技创新合作区"在康复养老方面的技术优势以及榕南片区的生态环境优势，发展大健康"第二圈层"产业（康复养老和健康咨询服务等），提供高品质的增值服务；借助以色列的农业技术，基于榕南农业优势，发展精准农业转型示范，补链区域农业区块，实现差异发展。榕南片区可以通过把握技术外溢的三大机会，构建榕南复合高效的产业空间。

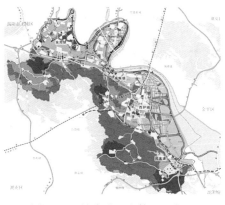

图 3-43 榕南片区主体用地布局

在空间规划层面，坚持"化零为整"与"化整为零"，"田园综合体"与"特色小镇"相融合（图 3-43 至图 3-45）。将榕南片区作为"田园综合体"统筹发展，将榕南片区的生态资源在空间上整体协同安排，通过零散空间整合利用、现状产业创新升级、旅游主题特色游线等塑造一个宜居宜业、可游可赏的整体空间。根据每个地区的特点，在空间布局上打造河溪湿地医养小镇、西胪建筑文创小镇、关埠潮人休闲小镇、金灶水果四季小镇。

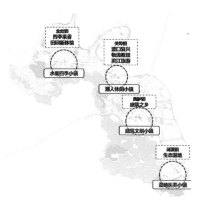

图 3-44 榕南片区特色小镇

图 3-45 榕南片区慢行系统规划

（4）"新榕南"——现代都市田园的图景

规划选取关埠镇临江 20.8 hm² 的城镇建设区作为本次规划的特色空间进行示范设计。基于对现状特征的分析，规划制定了微改造与保现状相结合、确定重点功能空间的总体策略。通过高效混合利用土地，打造"一廊一带三区三心"的功能结构，最终通过新经济、新生活、新休闲三个功能片区的构建，示范引领"新榕南"发展方向（图 3-46、图 3-47）。

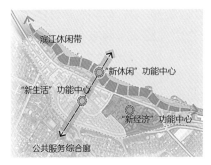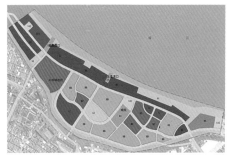

图 3-46　关埠镇功能结构

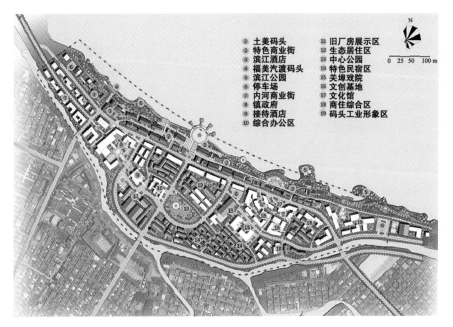

① 土美码头	⑪ 旧厂房展示区
② 特色商业街	⑫ 生态居住区
③ 滨江酒店	⑬ 中心公园
④ 福美汽渡码头	⑭ 特色民宿区
⑤ 滨江公园	⑮ 关埠戏院
⑥ 停车场	⑯ 文创基地
⑦ 内河商业街	⑰ 文化馆
⑧ 镇政府	⑱ 商住综合区
⑨ 接待酒店	⑲ 码头工业形象区
⑩ 综合办公区	

图 3-47　关埠镇项目布局

　　通过对榕南片区生态、产业以及空间的规划设计，不仅使榕南成为城市的景观带，而且为生态资源转化成经济资源提供了条件；主动承接中以（汕头）科技创新合作区的带动辐射，通过建立农业、智造、服务复合产业体系，使其成为新经济的走廊；通过对空间资源的整合利用，实现了区域的协同发展。

3.2.4　河道两侧的三生空间⑬

　　很多城市都是因水而生、依水而建，河流在城市发展过程中发挥着重要的作用。河流可能是城市重要的交通载体，可能承担着城市防洪排水的职能，也可能起到调节城市局部小气候的作用。当然，它更可能是城市居民绿色休闲的生活空间场所。河道两岸的景观品质往往代表一座城市景观风貌水准的标杆，对于中小城市尤为如是。在新城新区的建设中，水系的景观规划往往是点睛之笔。河道两侧空间做活了，它所带动腹地的土地价值也就进一步彰显出来了。

（1）黔南独山的打桌河

打桌河，一听这条河流的名字就能猜到它位于少数民族地区，它位于贵州黔南布依族苗族自治州的独山县（图3-48）。由于我们团队前期参加了当地的产业园区规划，因此有机会进一步完成其后续的河道规划设计。

在"十二五"时期，贵州处在一个大发展的阶段。在这个大背景下，贵州各地都踌躇满志地谋划各自未来的发展布局。当时，黔南布依族苗族自治州制定了"一圈两翼"战略，提出"以瓮安、独山两个黔中经济区的节点城市为支撑，推进瓮安—福泉、独山—都匀的两大城市与产业功能区的融合发展，形成支撑都匀经济圈和带动黔南布依族苗族自治州的两大区域增长极"[14]。

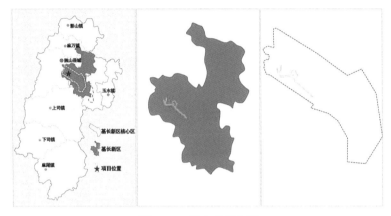

图3-48 独山县区位图

2015年4月，黔南独山现代农业产业园区更名为基长新区，成为独山县北部重要的增长板块。我们团队也因此参与了新区的规划设计工作。在这个过程中，新区的各项发展要素先后明确了规划落位，如贵南高铁基长站、独山通用机场等区域性重大基础设施，这为基长新区的飞跃式发展打下了坚实的基础。除了重大基础设施以外，景观风貌的优化也成为新区规划的重点。打桌河作为产业园区最主要的河道，再加上其本身良好的本底资源，自然是新区生态建设、景观建设的重点项目（图3-49）。

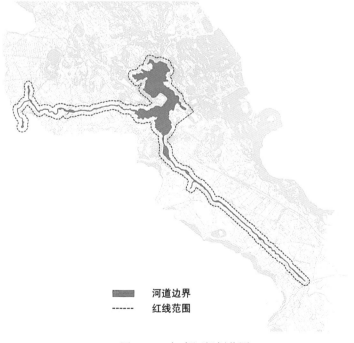

河道边界
------- 红线范围

图3-49 打桌河规划范围

（2）基长新区的生态花园水廊

基于打桌河良好的生态本底资源以及其在独山县发展过程中的作用，我们将这条河的形象定位为"美好基长·生态花园水廊"。在总体定位的基础上确定了四大功能定位，即安全绿廊——防洪排涝的安全保障，文化纽带——独山文化的展示中心，生态绿轴——生机盎然的都市景观，发展引擎——独山新区的活力引擎，以发挥其在安全、文化、生态景观以及经济发展中的作用。

无论怎样的功能定位，都不能弱化河流本身的属性。河流最朴实的内涵就是河流，任何其他的功能都是附着在其上的。很难想象河道两侧的规划设计会不以"尊重自然"作为其核心规划理念。因此，基长新区的生态花园水廊的定位就是突出这条河道最朴实的那个功能。能够将打桌河的生态本底要素保护好就是发挥了它最重要的区域价值。

（3）从生态修复、生态开发到生态永续

秉承"尊重自然"与低影响开发的设计理念，在河道岸线的设计上我们坚持最大限度地保留河道既有的自然岸线。同时结合周边用地布局，将秀湖及阳地古村周边的河道岸线打造成多种类型的岸线。毫无疑问，重中之重的工作仍然是生态修复。在规划过程中，采用雨水花园以及杂生水生植物净化、水生植物净化和底层砂体净化、人工浮萍和水生植物净化三种水体净化措施分段对河道进行生态修复治理，以创造与功能分区相适应的景观效果（图3-50）。

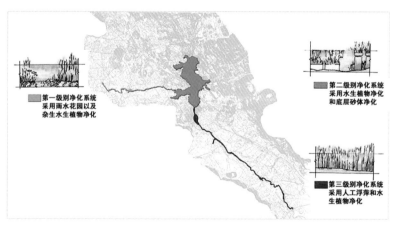

图3-50 河道生态修复措施

在环境承载力允许的前提下，根据不同的资源特质赋予这条12.7 km长的河道不同的开发主题。不同区段采用各异的空间设计手法及设计要素，并充分利用良好的资源禀赋，使天然生态田园进阶为极具活力的生态花园。从总体功能定位及生态基底出发，创造原生态探险走廊、文化生态体验走廊、生态永续走廊与运动休闲走廊四种不同功能的走廊，串联整个场地的同时实现步移景异（图 3-51 至图 3-55）。

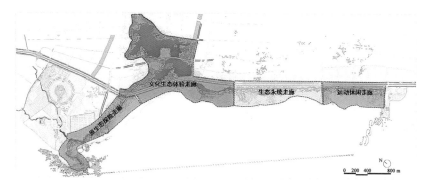

图 3-51　四大功能走廊空间布局

图 3-52　原生态探险走廊

图 3-53　文化生态体验走廊

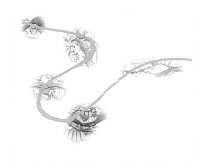

图 3-54　生态永续走廊

图 3-55　运动休闲走廊

　　为了给城市居民创造多层面的亲水体验，加强水岸空间的可达性，我们设计了由不同层次的慢行通道组成的网格状交通系统（图 3-56）。"桥"是这个设计过程中的重要元素，将它作为水系文化集中体现的载体，以重塑基长新区的风貌（图 3-57）。再加上在两岸布置了丰富的小品，这个滨水空间不仅仅可观赏，更加值得体验。

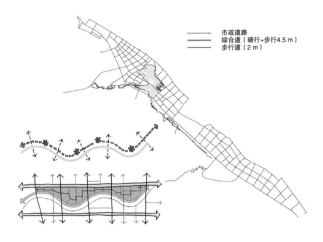

市政道路
综合道（骑行+步行4.5 m）
步行道（2 m）

图 3-56　交通网络设计

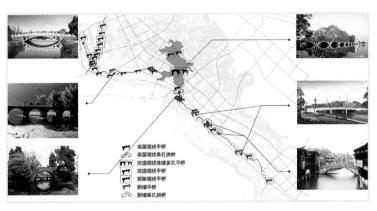

保留现状平桥
保留现状单孔拱桥
改造现状连续多孔平桥
改造现状平桥
拆除现状平桥
新增平桥
新增单孔拱桥

图 3-57　河道桥梁布局设计

为了更好地指导规划实施，我们增加了节点的设计。基于当地较好的生态基底、浓厚的人文积淀以及丰富的景观素材，选取神仙洞、滨水商业、阳地古村、比里村、西游口五个典型节点进行景观设计（图 3-58）。其中，滨水商业节点设计，充分利用周边地形地貌以及人文资源特色，通过地面铺装的不同材质表达、富于变化的视线通廊、原生态乐园等特色设计手法，打造出原汁原味的原生态娱乐景观（图 3-59）。

与以往类似的规划设计项目相比，这个项目的规划设计在生态修复方面做了不少功课。打桌河河道不同

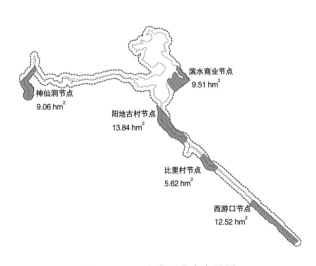

滨水商业节点
9.51 hm²

神仙洞节点
9.06 hm²

阳地古村节点
13.84 hm²

比里村节点
5.62 hm²

西游口节点
12.52 hm²

图 3-58　五大典型节点布局图

区段主题的设计、交通的设计以及节点景观的设计也都以生态修复为设计前置条件，也许这恰恰回归到发展的初衷——绿水青山就是金山银山。

3.2.5 途中偶遇的小确幸⑮

作为一名规划师，能够到不同城市体验不同的文化和民俗是极大的幸运。我在到达一座城市的时候，往往会漫无目的地在城市中游荡，切身感受这座城市带给人的是怎样的空间体验。有时候会感觉，无论是在城市道路，还是在河流两岸，那些遇到的风景可以说都是我们在途中偶遇的小确幸。

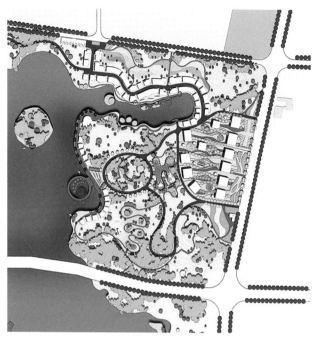

图 3-59　滨水商业节点

道路交叉口是我们在规划设计中常常忽视的，然而它往往是人们的视觉焦点。道路交叉口作为城市道路的重要节点，往往被认为是单纯的交通空间。在景观设计上，交叉口存在设计风格雷同、绿化形式单一、文化内涵不足等问题，从而使人与城市的关系变得生硬，且难以体现城市的内涵与品质。下面我们分析道路交叉口应该如何进行规划设计，才能有效避免这些问题，给我们枯燥的旅途生活带去一点小幸福。

（1）道路交叉口的双提升

又是在汕头的潮阳区，我们又一次参与了城市风貌品质的提升实践——潮阳区主要道路的交叉口改造试点。本次选取的道路位于潮阳区主要道路交叉口与城镇门户区域，是潮阳区展现城市风貌、文化魅力与开放空间的重要载体（图3-60）。地方政府希望通过对节点处景观的提升，带动城市整体环境品质提升、传递城市形象及文化。

作为设计团队，我们希望通过本次的景观设计实现道路周边环境与土地价值的"双提升"，具体来说要实现四个目标，即加强可达性与连通性；尊重地域感，创造展现

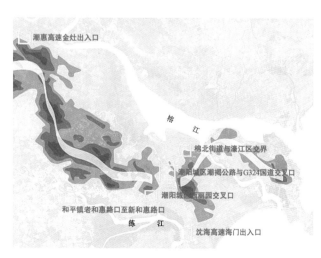

图 3-60　六个道路交叉口空间区位

潮阳特色的文化空间；提升土地开发价值，拓展活力与功能；构建宜居环境，支持健康的生活。

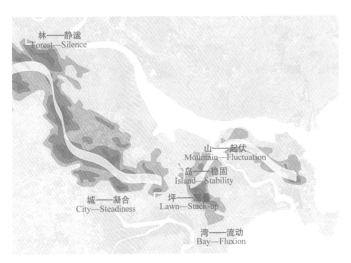

图 3-61 六大主题设计

（2）核心设计理念

在设计理念上仍然坚持尊重自然，融汇现代与传统文化元素，以引领城市自然的"生长"。根据各节点的不同条件特征，制定差异化的、有针对性的设计方案。我们将六个道路节点比作潮阳区内山、水、田、林等自然要素，以人工的现代设计手法，抽象模拟自然景观。在设计中我们将六个道路交叉口描述为六个不同的自然形态与主题（图 3-61），以突出不同的个性与理念，彰显潮阳新形象，创造展现潮阳特色的文化空间。

① 设计理念：山——起伏

充分利用当地水田资源与山体资源，促进农耕文化与健康运动的结合，实现"映山田园"的意境，隐喻山的起伏多变。山体倒影于水田之上，化直为曲，营造潮阳人的乐活田园。通过开放式网络、生长式绿脉、自然到城市的过渡，暗喻（城市）生命的开端（图 3-62）。

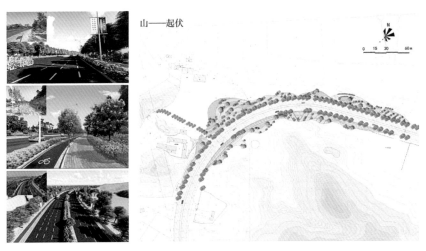

图 3-62 棉北街道与濠江区交界景观设计

② 设计理念：岛——稳固

通过设计使该交叉口成为宣扬潮阳文化、经济、旅游的城市之窗。

设计节点现状道路纵横交错，自然水体南北贯穿，采用人工塑造岛的模式，打造的不仅仅是交通岛，更是潮阳人的"生态岛"。在设计手法上强调以人为本，突出人行空间的连续性与节奏感（图3-63）。

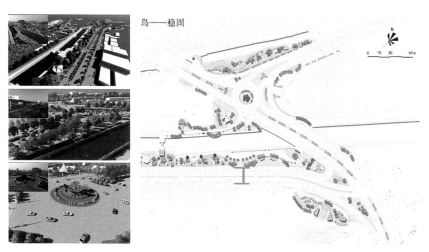

图 3-63　潮阳城区潮揭公路与 G324 国道交叉口景观设计

③ 设计理念：坪——层叠

通过引入现代文化元素，构建棉西生活"坪"台，规划设计一处灵动又亲和、可进入的城市开放空间，即一块集会和私密并存的公共地毯，采用现代设计手法，强调明快的线条（图3-64）。

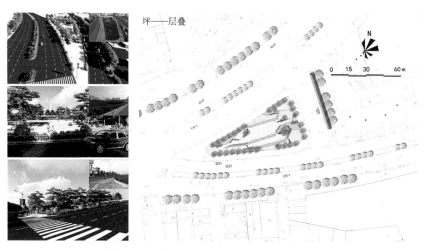

图 3-64　潮阳城区西丽园交叉口景观设计

④ 设计理念：城——凝合

该交叉口位于潮阳区与潮南区的交界地区。方案借助两区交汇的区位特征，打造新旧融合的潮阳特色艺术宜居空间，力求使现代的设计手法与传统文化得到完美结合，深化"新老两城"凝合，强化潮阳与潮南交界的地位，突出门户特征性（图3-65）。

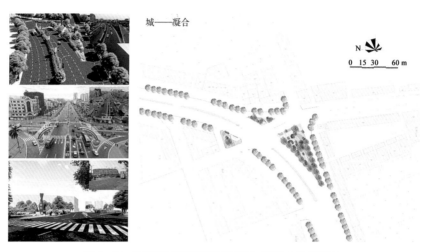

图 3-65　和平镇老和惠路口至新和惠路口景观设计

⑤ 设计理念：湾——流动

充分利用该交叉口靠近练江的优势，通过滨江水岸与门户空间的有机结合，打造流动且充满活力的景观环境。挖掘区域的练江文化与环保文化，打造练江与环保文化之湾（图3-66）。

图 3-66　沈海高速海门出入口景观设计

⑥ 设计理念：林——静谧

该道路交叉口的设计旨在规划构思农田与密林景观、构建独具特色的潮阳特色物产展示之窗。通过有序列植观赏性、特色性农作物和林木，形成多样化的、富有层次的空间。为了保证在不同的行驶速度下都有一个好的视觉效果，设计出不同的植物列植层次，使其更好地在快速交通流线下展现信息（图 3-67）。

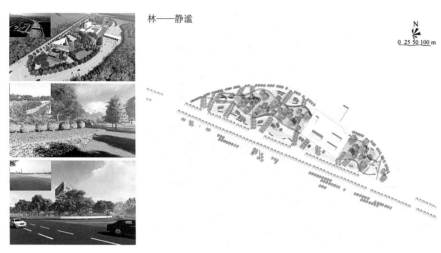

图 3-67　潮惠高速金灶出入口景观设计

　　在潮阳区道路交叉口及城镇门户区域的主题化景观设计实践中，我们改变了以往千篇一律的设计方法，实现了不同道路交叉口的差异化发展，对改善人与城市的关系、展示潮南区的城市形象、体现城市文化内涵、改善周边环境与提升土地价值均具有重要作用。

第 3 章注释

①　第 3.1.1 节原文作者为杨楠，陈易、乔硕庆、刘晓娜修改。该章节的部分观点源自作者在南京大学城市规划设计研究院北京分院公众号发表的《ZOOTOPIA——从一智慧的 urban jungle 谈人性化的城市设计》。

②　第 3.1.2 节编写者为陈易、乔硕庆、刘晓娜。该章节的部分观点源自作者在南京大学城市规划设计研究院北京分院公众号发表的《封闭社区的过去、现在与未来》。

③　第 3.1.3 节原文作者为李晶晶，陈易、乔硕庆、刘晓娜修改。该章节的部分观点源自作者在南京大学城市规划设计研究院北京分院公众号发表的《规划师也需要关注中国足球了，无论你爱不爱》。

④　参见《关于印发中国足球中长期发展规划（2016—2050 年）的通知》。

⑤　参见邱海峰：《"小足球"踢出"大产业"》，人民日报海外版，2016 年。

⑥　第 3.1.4 节原文作者为方慧，陈易、乔硕庆、刘晓娜修改。该章节的部分观点源自作者在南京大学城市规划设计研究院北京分院公众号发表的《给墙壁披上"潮衣" 让空间好玩一点》。

⑦ 第3.1.5节原文作者为荆纬，乔硕庆、刘晓娜、陈易修改。该章节的部分观点源自作者在南京大学城市规划设计研究院北京分院公众号发表的《透过电影看规划系列之城市色彩》。

⑧ 第3.1.6节原文作者为杨晓宇，乔硕庆、刘晓娜、陈易修改。该章节的部分观点源自作者在南京大学城市规划设计研究院北京分院公众号发表的《浅谈城市公共开放空间》与李大为：《哈尔滨中央大街空间特色剖析》，《哈尔滨工业大学学报》2003年第4期。

⑨ 概念参见百度百科。

⑩ 第3.2.1节根据《潮南区324国道两侧（洋汾陈—东区界段）环境品质提升设计》项目研究成果、工作总结与心得体会编写，编写人为陈易、刘晓娜和乔硕庆。

⑪ 第3.2.2节根据《中国·孟津非物质文化遗产展示园》项目研究成果、工作总结与心得体会编写，编写人为陈易、刘晓娜和乔硕庆。

⑫ 第3.2.3节根据《汕头市潮阳区榕江南岸新经济走廊概念规划设计》项目研究成果、工作总结与心得体会编写，编写人为陈易、刘晓娜和乔硕庆。

⑬ 第3.2.4节根据《独山县基长新区河道景观总体概念规划》项目研究成果、工作总结与心得体会编写，编写人为陈易、刘晓娜和乔硕庆。

⑭ 参见《黔南州"一圈两翼"区域经济发展规划（2013—2025）（概要）》。

⑮ 第3.2.5节根据《汕头市潮阳区三个道路交叉口景观提升设计》项目研究成果、工作总结与心得体会编写，编写人为陈易、刘晓娜和乔硕庆。

第3章参考文献

[1] 魏薇，秦洛峰. 对中国城市封闭住区的解读[J]. 建筑学报，2011（2）：5-8.

[2] 王美琴. 城市居住空间分异格局下单位制社区的走向[J]. 苏州大学学报（哲学社会科学版），2010，31（6）：6-9.

[3] 简·雅各布斯. 美国大城市的死与生[M]. 金衡山，译. 南京：译林出版社，2006.

第3章图片来源

图3-1 源自：百度图片.

图3-2、图3-3 源自：齐兴华个人微博.

图3-4 源自：携程旅行网.

图3-5 源自：网易号.

图3-6 至图3-8 源自：携程旅行网.

图3-9 源自：搜狐网.

图3-10 至图3-12 源自：中关村在线论坛第20期（20th）摄影论坛.

图3-13 源自：新浪财经.

图3-14 源自：腾讯网；驴妈妈旅游网.

图3-15 源自：新浪网.

图3-16、图3-17 源自：中关村在线论坛第20期（20th）摄影论坛.

图 3-18 至图 3-25 源自:《潮南区 324 国道两侧 (洋汾陈—东区界段) 环境品质提升设
　　计》方案.

图 3-26 至图 3-34 源自:《中国·孟津非物质文化遗产展示园》方案.

图 3-35 至图 3-47 源自:《汕头市潮阳区榕江南岸新经济走廊概念规划设计》方案.

图 3-48 至图 3-59 源自:《独山县基长新区河道景观总体概念规划》方案.

图 3-60 至图 3-67 源自:《汕头市潮阳区三个道路交叉口景观提升设计》方案.

4 城市漫步，勿忘却的线性空间

4.1 与其说是界面不如说是空间

4.1.1 水系，无法让人忽略的场所①

城市自诞生以来，便与水系结下了不解之缘。水系是城市的命脉，是人类文明的发源地，黄河、尼罗河、恒河及底格里斯河、幼发拉底河孕育了世界四大文明古国。而在今天，很多城市依旧因水而闻名，意大利的威尼斯、巴黎的塞纳河畔（图4-1）、伦敦的泰晤士河畔、中国的江南水乡苏州（图4-2）无一不凭借自身的魅力吸引世界各地的人们前往。由此可见，水系对城市发展的重要作用。城市因水而兴，也会因水也衰。那么，水系缘何对城市如此重要？它对城市的发展又有哪些作用？

水系在城市建设初期阶段最重要的功能是交通功能，它能够沟通城市与其他地方的联系，为城市发展带来商机，是城市发展的重要推动力量。随着时间的推移与社会的发展，人们发现它还具有生态功能、旅游功能、文化功能、水利功能等多样化的功能，此时水系在城市发展中所扮演的角色就越发重要了。水系作为城市主要的自然构件之一，对城市的性质、用地布局、生态环境以及城市特色都有重要的影响。由此可见，水系对于城市而言，是一处无法让人忽略的场所。然而近些年来，伴随着经济的发展，我们也不难发现，现阶段我国城市水系以及我们的水系

图4-1　巴黎塞纳河畔

图4-2　中国江南水乡

规划都存在一些问题。

（1）水系污染严重，生态环境遭到破坏

随着我国城镇化进程的不断推进，很多地方政府与开发商对水系的生态价值与景观价值认识不足，在市场利益的驱动下，大量的城市河道被侵占、填埋，导致大面积的湖泊、湿地消失，影响了城市原有的生态平衡。另外由于城市人口规模的不断扩大与工业化进程的加快，很多自然的河流被城市生活垃圾和工业污水所充斥，河流演变为臭水沟，城市与水的关系由相互依存变为相互排斥，人们与河流的关系也逐渐疏远。相关资料显示，目前我国城市中有90%的河道受到不同程度的污染，而部分河道单靠生态的自我修复已经不可能解决污染问题，水污染问题亟待解决。

（2）水系规划重点在于河道的防洪整治与水资源的配置，生态效益被忽视

水系是城市生态系统最重要的自然因子，它影响着城市的环境，对净化城市空气、调节城市局部小气候、减少热岛效应有着不可替代的作用。然而，传统的水系规划往往只注重河道的防洪和水利建设，而较少考虑城市河流的生态属性与生态价值，因而水系规划的效果不是特别理想，规划虽然解决了防洪问题，带来了一定的生产效益，但是也出现了城市水系形态僵硬、河流空间缺乏生机和活力等问题。

（3）缺乏对水系景观塑造重要性的认识

水系景观是城市景观的重要组成部分，怡人的城市水系景观打造是提升城市形象的重要途径。然而传统的城市水系规划却很少将水系景观规划列为重点，很多具有景观价值的滨水区被工业区、仓储区占用，导致河流被逐渐掩盖，难以发挥更大的作用。

（4）城市水系的综合开发利用尚处于初级阶段

目前我国城市水系的综合开发利用程度还较低，对水系综合利用的普遍做法是前期治理水系，对水系进行清理，同时栽种绿植，增加河岸两侧的绿地面积，建设沿河的休闲公园，为市民提供简单游憩的场所。后期会开发一些游船类的初级游乐设施，因此总体而言，开发深度不足，没能充分挖掘城市水系的利用价值。

以上几个问题对城市水系及城市的可持续高质量发展产生了不良的影响，作为规划师，我们不得不思考在今后的工作中应该如何有效避免和解决这些问题。首先，在水系规划中应该对水系的生态价值给予足够的重视，利用海绵城市、低影响开发（LID）等理念，对水系进行生态修复与开发；其次，通过挖掘城市的历史、文化特质，使城市水系及沿岸的开发利用体现城市内在特质，避免出现城市与城市千篇一律的现象；再次，解决生态问题的同时，带动城市的协调发展，实现操作可行、经济可行与生态可行，实现"城水共融"；最后，打造滨水产业空间，发挥滨水空间对当地经济发展的带动作用。

4.1.2 道路，究竟应该如何设计

1）人性化街道的活力营造[②]

街道是城市的经络，是城市发展的动脉，是与我们生活息息相关的场所，也是城市历史记忆和文化传承的空间载体。简·雅各布斯说过："如果一座城市的街道充满趣味性，那么城市也会显得很有趣；如果街道很沉闷，那么城市也是沉闷的。"[1]街道设计的根本是服务于社会群体，我们常说"条条大路通罗马"，通常我们会理解为获得成功的道路不是唯一的，其实还有另外一段故事：起初罗马在兴建道路的时候，正是因为当时的守护神墨丘利的鼓励，为车、马等交通工具提供了服务的空间，才成就了经济与文化盛极一时的罗马。如今，道路不仅仅具备单一的通车功能，更多服务于社群的功能也随之上线。

不同的街道有着不同的性格，呈现出不同的形象、面貌和空间特色。这与街道本身的性质，街道所处城市的文化、气候等密切相关。毫无疑问，一条人性化的、有活力的街道，应该具有它自身的性格，也就是道路特色（图4-3）。当然，人与街道是不可分割的一个有机体，两者缺一不可。一条设计优秀的街道如果没有人赋予它活力，那么它存在的意义也是微乎其微的。然而，什么样的街道是充满活力的人性化街道呢？

图4-3　特色街道

首先，在设计上，结合整体空间格局，构建整体设计思想，规划符合当地性质的特色设计；在空间尺度和比例设计上，创造人性化的街道尺度，为居民的衣食住行提供便利条件；在基础设施和空间网络格局绿化上，营造绿色、生态与充满活力的生活空间。其次，为活力街道提供有利的创造条件；辩证分析街道环境与整体网络空间格局的关系，创建营造活力空间的方法；通过举办趣味活动来支撑街道活力营造。最后，街道作为建筑环境的一种，要具有场所精神，以人为中心，提供满足居民生理需求和心理需求的空间，方能产生丰富的街道活力[2]。

过去，街道设计往往以车辆为主导，造成居民出行不便（图4-4）。随着城市化水平的快速发展、人们生活习惯的改变以及使用客群的不同，规划师设计街道的初衷也发生了变化。由优先考虑车辆变成了优先考虑

服务于人。然而，由于过于强调街道活力营造，反而忽略了其他因素，导致目前街道存在许多普遍性问题。如何发现和解决问题，重新营造人性化街道活力是我们需要考虑的。

图 4-4　老街道布局及图景

（1）街道普遍现状

设计符合政策规定的街道尺度是营造活力街道的基础。然而，街道尺度超常导致传统街区消失，街与坊设计脱节（图 4-5）。再者，周围建筑由于设计师的不同，设计概念混乱、建筑风格迥异导致整体环境不相融，街道性质与空间层次等级混乱。另外，由于机动车数量的增加，在规划设计中优先考虑车辆通行，行人步道被缩减得越来越窄，步行环境对居民并不友好。

同时，由于前期考虑不周，机动车停放成为大城市发展的一大难题，乱停乱放的现象比比皆是，导致步行空间受阻且不连续。另外，街道功能单一无法抓住客群眼球，因此造成人员稀少、公共交流活动承载能力低下、街道活力不足的现象。最后，由于提倡自然城市的理念，树木花草受到了规划师的垂青。然而，设计的不规范、运用的不合理导致景观遮挡了道路视线，缩减了街道尺度，影响了居民出行，违背了景观规划的初衷，给居民生活、安全出行带来了诸多不便。

图 4-5　尺度超常的街道

（2）营造人性化街道的活力空间[3]

① 街道尺度

营造具备长久生命力与活力的街道往往取决于合理规范的尺度划分。近年来，由于电商行业的崛起，实体经济受到冲击，购物方式的选择越来越多，吸引居民出行的因素越来越少。提供非正式性的活动空间，创造条件激发人们更多的交流，是恢复街道活力的有效方法。街道的尺度要根据不同的对应关系决定：街道与人的关系、人与人的关系、街道与实体经济的关系、人与实体经济的关系等③。路边建筑与水平距离的关系会导致不同的视觉效应。依据人的视觉角度，参照建筑物与水平空间的相对比例，设计符合人的心理与生理的街道尺度。

② 倡导"慢行优先"理念

道路空间的划分不是为了阻碍选择不同出行方式的居民，而是为了提供更好的出行条件，改善出行质量。东京的面积约是北京的1/8，人口却接近北京的2倍。但是相对于北京，东京堵车的困扰相对较小。因此，扩大机动车的道路空间并不能缓解堵车的难题，改善交通网络格局才是最重要的。

控制机动车通行空间，设置步行通道与自行车通道，提倡"绿色出行，慢行优先"，改善交通出行结构，缓解交通压力，改善环境条件（图4-6）。在这样的前提下，采用混合商业模式，发展中高低端商铺，吸引不同客群，加速商铺的特色化发展，促进街道多样性的产生，营造热闹的街市氛围。

图4-6 "绿色出行，慢行优先"街道

③ 营造舒适宜人的街道环境

在营造环境上要考虑视觉、听觉还有感觉上的体验。首先，在视觉上，行人是街道的使用者，人们对于街道的第一印象来源于街道的形象。环境艺术设计是获取理想环境空间的艺术创造，是为了满足人类的生理和心理需求。如果连基本的生理和心理需求都达不到，那么有什么资格要求行人停留驻足呢？其次，在听觉上，当你漫步在道路上，听到的都是汽车的鸣笛声、尾气声；宠物的叫唤声；小贩的吆喝声……熙熙攘攘、叽叽喳喳、人欢马叫。因此，减少噪音传播，营造安静、温馨、适宜的声音空间才是行人所需要的共享空间。最后，在感觉上，绿化景观是使人心情放松的重要因素，提供高品质的配套基础设施与空间设计，才是支撑舒适、宜人街道的重要保障（图4-7）。

图4-7　舒适宜人的街道

④ 营造活力多元的空间氛围

起初由于规划的不统一，城市在空间上缺少联动性，导致街道空间的不完整和不连续。同时，建筑底层是整合空间的重要因素，建筑底层空间处理方式的不一致，造成街道与街道、建筑与建筑、街道与建筑脱节。因此，处理好建筑底层与街道空间的关系，是处理空间不连续性的有效方法，是团结空间的有效途径。

另外，人与人之间的活动交流决定了街道的活力。单一的街道活动并不能带来街道功能的多样性。丰富多样的街道活动决定了街道活力的长久性[③]。大型建筑框架结构的自由性使建筑的底层空间摆脱了墙的束缚，不仅满足了行人的步行需求，而且为空间发展提供了多种可能。例如户外餐桌、悠闲咖啡桌、休憩座椅等。与封闭性空间不同，架空底层建筑将地面的空间还给了人们，开拓了空间视野，创造了交流空间，拉近了人与人之间的语言交流与视觉交流，营造了一种开放、包容、人性化的活动空间。

⑤ 开放空间的选择

如今的购物商场是增加交流的一种方式却也是封闭空间关联的一种方式。一般的商场与建筑都只有固定的出入口。这也间接地隔绝了人与外界的交流，阻碍了道路与道路之间的关联，原本作为空间交流的出入口失去了意义。反之，开放式的出入口不仅可以满足人的出入需求，加强室内外空间的联系，还可以帮助行人更好地辨识方向与目标，更好地将人与建筑融合在一起，既节约了时间，又提高了效率。同时可以提供多样性的功能空间，丰富街道活动的多样性。

拱廊是营造开放空间的一种选择，拱廊既可以节约土地与空间，又可以为建筑提供更多的公共空间，形成公共环境与私密空间的模糊地带。拱廊也是一种步行系统，避免了日常道路上人车混行的干扰，利于人群的集散。同时拱廊避免了人们受恶劣天气的影响，又成为让人享受公共环境的一部分。

⑥ 提倡共性与特性的协调

风格迥异的建筑打破了空间结构的平衡，破坏了街道环境的整体性。城市管理者对街道商铺门面提出刻板要求，要求商铺整治环境以达到"和谐"的目的。扬扬止沸，不如去薪。提倡共性与特性的协调才是促进街道环境和谐的有效方法④。

由上可知，人是活力街道恢复与营造的重要因素之一。以人为本，抓住地方特色文化，规范街道尺度，创造多样性的街道空间，提供健全的基础设施，改善街道景观环境，营造适宜人休闲娱乐的开放场所，是支撑街道保持活力的有效路径。

2）浅议帝都之公共自行车⑤

北京被网友戏称"帝都"，它像一块巨大的磁石每年吸引着数以万计的人涌向这座城市。尽管自入秋就得呼吸"重度霾"，但是依然无法抗拒北京对众人施展的"魅力魔咒"。某天周五17点北京的交通路况如图4-8所示，由此不难想象节假日的北京是怎样的境况。节前一天全市路网几乎全面飘红，基本上在15点左右地面交通已瘫痪（对此，我很同情那些开车着急出游的人们……），节日最后一天京港澳高速进京方向堵成了最美夜景——"火凤凰"（我想坐在车里着急回家的人们恐怕没有心情欣赏如此美景）。

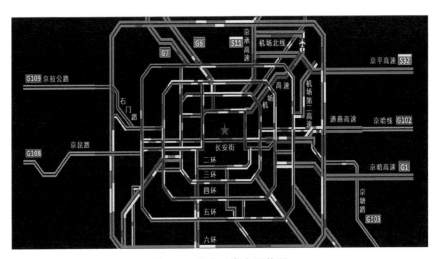

图4-8　北京日常交通状况

注：红色表示拥堵；黄色表示车行缓慢；绿色代表畅通。

众所周知，北京的交通压力一直存在，尤其面对不断涌入的人口和日新月异拔地而起的高楼，原本就拥堵的交通问题更加突出（图4-9）。拥车族需要忍受单双号限行和日常拥堵，购车刚需族需要经历车牌摇号的漫长等待，公共出行一族则需要牺牲睡眠早早出门挤公交挤地铁，还要经历各种地铁限流措施……其实，北京已采取了诸如小汽车号牌摇号、

工作日小汽车单双号限行、差异化停车收费、规划建设多条地铁线路等
多种措施来缓解拥堵。然而收效甚微，北京的交通状况距离公众期待的
出行体验还有很大的改善与提升空间。

图 4-9　高速发展的北京以及如影随形的交通拥堵

　　大力发展公共自行车，疏通"最后 1 km"是近年来备受各国关注和
推崇的一种绿色出行方式。公共自行车最大的特点是低碳环保、灵活机
动、可达性较好，并可以满足 3—5 km 的短距交通出行需求。高峰期间，
以时速 15 km 计算，完成 5 km 的短途出行，骑自行车最多需要 20 分钟，
并可消耗 1 200 cal（1 cal=4.18 J）热量。而公交车完成 5 km 的短距出
行，意味着至少 6 次临时停靠（按 800 m 公交服务半径计算）、通过 5 个
交叉路口（按 1 000 m 路网间距计算）以及不可预测的拥堵，其间消耗
的时间则远不止 20 分钟。

　　法国里昂和巴黎、西班牙巴塞罗那以及我国杭州等城市在推动公共自
行车发展方面均取得了较好的成效。以巴黎为例，2007 年启动的公共自行
车计划设置了 1 450 个租赁点，投放了 2 万辆公共自行车。该系统在实施
的第一年，全年自行车使用达到 2 750 万次，全市自行车使用比例增加
70%。北京近年来也在积极推动公共自行车绿色出行，并且是国内最先
投入公共自行车的城市。迄今为止，全市已投入建设 2 329 个公共自行车
网点（图 4-10）、73 942 个锁车器（图 4-11）、约 4.8 万辆公共自行车，并
已陆续开通官网、手机应

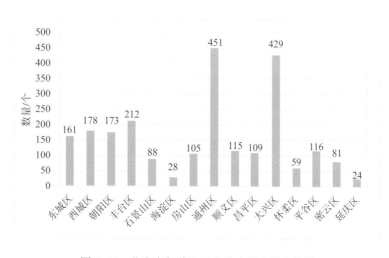

图 4-10　北京市部分地区公共自行车网点数量

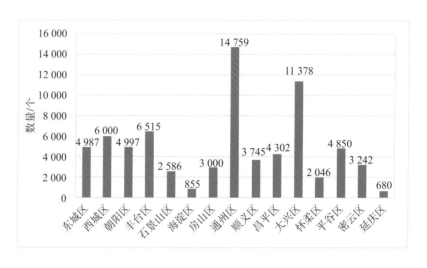

图 4-11　北京市部分地区公共自行车锁车器数量

用程序（App）、微信公众平台等多种配套网络应用。

自行车的运用推广及宣传方式受到了北京人民的追捧。2014 年北京市交通委员会运输管理局的统计数据显示，城区公共自行车周租还车总量最高达到了 81 746 次 / 天，工作日平均周转率为 4.76 次 / 车，其中朝阳区和东城区周转率分别达到 5.71 次 / 车和 5.34 次 / 车。2015 年 12 月 28 日公共交通的全面调价则进一步增加了公共自行车的出行需求，全市公共交通全面调价后首个工作日全市公共自行车骑行达到 8.1 万人次，同比增加了 14%。

遗憾的是，目前北京市的公共自行车供给服务还远远不能与巨大的公共自行车需求相匹配。

① 办卡难，办理周期较长

根据北京市统计局、国家统计局北京调查总队于 2014 年 7 月公布的调查数据，49.8% 的受访市民表示主要选择公共交通出行，按户籍人口 1 333.4 万人计算，意味着约有 664 万人采用公共交通出行方式。那么，公共自行车需求自然也较大，而直至 2015 年下半年全市办卡总量才 40 多万张，这是因为当下的办卡条件人为抑制了众多办卡需求。

尽管各区制定了明确的办卡要求，但通过表 4-1 不难发现，各区办卡条件不尽相同，部分区对外地居民办卡设置了隐性障碍，如工作居住证的办理其实门槛较高，众多低学历的外地务工人员则无法办理公共自行车租赁卡。此外，对于符合办理条件的常住居民而言，办卡亦是件考验耐心的事情。以通州区公共自行车租赁卡办理为例，每月 28 日零时进行网上预约办理，每次仅提供 6 000 个办卡名额，很多人熬夜上网依然无法成功预约，以月为时间间隔等待下一次预约机会，无形中延长了办卡周期，网友戏称办卡难度超越汽车摇号。

表4-1　北京市部分地区公共自行车租赁卡办理条件比较

分区	年龄（周岁）	需提供材料比较	
		长期在京人员	临时来京人员
城六区	18—65	• 本人二代居民身份证或护照，在北京居住的合法证件（工作居住证、外国人居留证、学生证、军官证、文职证、士兵证、暂住证等），或一年以上社会保险缴纳证明 • 市政一卡通 • 200元诚信保证金	• 本人二代居民身份证或护照 • 市政一卡通 • 400元诚信保证金
房山区	18—65	同城六区	同城六区
通州区	18—60	• 本人二代居民身份证、军官证、护照、工作居住证等有效证件 • 300元诚信保证金	
顺义区	18—65	同城六区	同城六区
昌平区	16—65	• 本人二代居民身份证等有效证件 • 300元诚信保证金	• 本人二代居民身份证等有效证件 • 500元诚信保证金
大兴区	16—65	• 本人二代居民身份证 • 400元诚信保证金	• 本人二代居民身份证外加暂住证 • 500元诚信保证金
怀柔区	16—65	• 本人二代居民身份证等有效证件 • 350元诚信保证金	• 本人二代居民身份证等有效证件 • 550元诚信保证金
平谷区	16—65	• 本人二代居民身份证或军官证等有效证件 • 350元诚信保证金	• 本人二代居民身份证或军官证等有效证件 • 550元诚信保证金
密云区	18—65	同城六区	同城六区
延庆区	18—65	同城六区	同城六区

② 租车卡全市未统一，无法实现跨区租还车

根据北京公共自行车官方网站服务指南提示，北京市内可实现公共自行车通存通取的区域仅包括城六区；通州、大兴等郊区公共自行车为独立运营，各区内部通存通取，车辆不跨区骑行。

③ 运营维护不到位，衍生众多问题

首先，公共自行车本身维护不到位。掉链子、链子生锈、轮胎气不足以及自行车损坏长时间不进行更换等问题司空见惯，想要获取优质、舒适的骑行体验真是需要碰运气（图4-12）。其次，锁车器频出故障，客服不到位，租车难，还车更难。早高峰通勤族的出行时间可谓分秒必争，因锁车器故障无法正常还车耽误时间实在有悖初衷。

图4-12　朝阳区某网点已损坏待修的公共自行车

④ 人工调度效率低，机动灵活性不足

与北京市的潮汐交通特征相吻合，公共自行车租赁点的使用周转亦呈现潮汐特性。早高峰，郊区居住区等区域的公共自行车使用以借车为主，地铁站点、公交站点等区域的公共自行车使用以还车为主，晚高峰时则相反。而早高峰租车、还车具有瞬间性特征，单纯依靠人工进行自

行车调度，时效性和机动灵活性均较差（图4-13）。

图4-13　通州区某公共自行车网点早高峰还车排队景象

由此可见，北京市公共自行车的众多问题基本集中在运营维护方面，而运营维护正是公共自行车系统运行的痛点，因为运营维护需要持续投入大量的人力、物力和财力。一座城市的公共自行车系统运行情况与运营模式息息相关，不同的运营模式决定了不同的运营成效（表4-2）。

表4-2　我国现行公共自行车运营模式比较

运营模式分类	基本特征	优缺点	代表城市
完全市场化	政府主导、企业投资自负盈亏。政府提供网点用地、用电、网络等，系统建设、运营和维护完全通过市场化运作，由企业投入和承担	政府财政负担小，但需具备较强的监管能力；企业基于营利特性可能背离公共自行车系统的公益性，若多家企业共同运营，企业会考虑自身利益而使系统无法形成有机整体；城市各租赁点不联网运营造成运营效率低下	巴黎
部分市场化	政府主导前期系统建设投资，企业负责后期运营维护。政府投入启动资金用于系统初期建设，主要包括公共自行车等硬件购置和基础设施建设，并且提供系统所必需的土地等；企业负责后续资金投入，主要用于系统的后期建设、运营和维护，政府根据运营实际情况按一定时间周期给予企业适当的财政补助	在资金分配上，政府与企业均可获得回报。政府前期投入资金促使系统的建设周期短、租赁点规模化；企业通过政府的政策保护、财税优惠和补贴等方式得到扶持，易形成对政府的过度依赖	杭州
政府购买服务	政府出资，企业运作。系统的初期建设和后续的建设、运营、维护资金均由政府投入，企业仅负责具体的建设、运营和维护工作	政府承担全部投资风险，财政负担较重；巨额资金限制了网点规模从而使公共自行车系统难以得到推广	上海

尽管三种模式各有利弊，但就目前各座城市的运行情况来看，杭州采用的部分市场化模式已经取得了较大成功，值得北京市各区借鉴。杭州在前期设备建设上，企业依靠政府补贴；在后期运营中，依靠服务网点亭棚广告开发及出售系统来平衡盈亏。杭州公共自行车系统在一些影响力较大的国际评选中屡获殊荣。2013 年，美国专业户外活动网站 The Active Times 评选出 16 个全球最好的公共自行车系统，杭州获得第一；2014 年，杭州市公共自行车系统获得广州国际城市创新奖，杭州成为唯一获奖的中国城市。

北京的"堵"和"霾"不是一朝一夕可以根治的，但公共自行车系统贴近百姓生活，对缓解交通拥堵压力、改善交通出行体验具有立竿见影之效。为了北京更加畅通，雾霾更少，居民生活得更健康，希望北京各区的公共自行车系统早日实现联网运营，采用更加灵活适用的运营模式把这项民生工程持久地推行下去！

2017 年之前，公共自行车的运营系统帮助解决居民出行难问题，缓解了环境压力与交通压力。当然，随着共享单车的出现，公共自行车的一系列问题得到相应解决。然而，不能否定共享单车所带来的社会问题。与公共自行车不同，共享单车采用完全市场化模式，政府与运营无关，由企业投资自负盈亏，系统建设、运营和维护完全通过市场化运作，由企业投入和承担。数十家公司争抢市场满足了市场对于自行车的需求。然而，成也共享单车，败也共享单车。供过于求会导致单车过剩，与公共自行车一样，公司不想投入过多的人力物力进行回收，造成公共环境的破坏，同时影响了公共交通秩序。公共自行车和共享单车在管理运营方面各有利弊，要利用两方在管理上的优势，解决目前存在的问题，提供一个秩序良好的城市环境。老舍先生曾这样评价北京——"北平之秋就是人间的天堂"，但愿这样的秋日早些归来（图 4-14）！

图 4-14　北京植物园的秋景

4.2 让线性空间成为城市的线索

4.2.1 漫步川西平原的沱江河[⑥]

沱江河位于充满田园风光的川西平原，是一条贯穿成都郫都区主城区的河流，又被称为郫都区的母亲河（图4-15、图4-16）。它除了具有灌溉功能外，还是城区最重要的一条景观河流。作为国家级生态示范区和国家生态县的郫都区，为了更好地提升城区环境品质，积极地进行城区绿地建设工作。而沱江河作为城区的景观河流，其两岸空间则是主城区重要的绿化开放空间，其品质也直接决定了郫都区主城区空间环境的品质，因此对沱江河的绿地景观规划就显得十分必要。

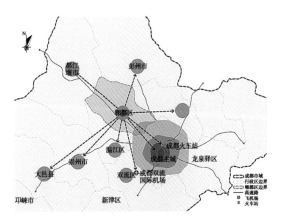

图 4-15　郫都区区位

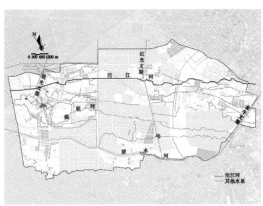

图 4-16　沱江河区位

（1）基于资源本地的定位

郫都区因"杜宇化鹃"的传说，又被称为鹃城，它既是望帝杜宇、丛帝鳖灵建都立国之地，又是古蜀文明发祥地，人文历史资源丰富。从自然环境角度来看，郫都区地处都江堰自流灌区上游，具有交错的水网，也是成都地区水资源最为丰富的区县之一。因此，我们基于沱江河所在地的人文和自然资源，将其定位为自在沱江河，水韵杜鹃城。在定位基础上从生态、生活、文化（精神）、产业四个方面确定了发展策略并进行了相应的项目设计。

（2）四大回归策略全面助推沱江河复兴

① 策略一：人文生态回归

人文生态回归策略旨在通过疏理受到人为影响的河道，尽可能恢复古杜鹃城原有的生态本底，延续蜀人"人与自然相和谐"的生存理念，使之渗透到现代郫都区人的生活中，使田园生态郫都区面貌尽现。

良好的生态本底是其他目标赖以实现的基础，也是让沱江河重新走进人们视野的第一步。通过生态的修复实现从"郫都区的沱江河"到

"沱江河畔的郫都区"转变的目标，为此我们采取了两大措施：第一，建立全域覆盖的自然生态网络；第二，在重要节点地区设计与自然系统以及周边城市功能相协调的核心项目，让整条沱江河充满自然活力和趣味。沱江河人文生态项目布局如图4-17所示。

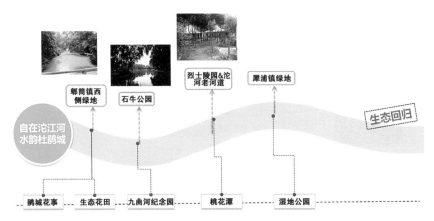

图4-17　沱江河人文生态项目布局

② 策略二：人文生活回归

城市公共活动空间是市民交流、休闲的重要场所，因此，依托沱江河的自然生态环境，在其两岸创造形式多样的城市公共活动空间，满足人们日常休闲活动的需求，就显得十分必要。鉴于此，我们规划设计了包括河滨绿道、市民活动广场、文化景观广场、水上活动区等在内的公共活动空间。公共活动空间的创造，使沱江河可感可知可触，为市民提供了一个公共活动目的地、一个亲水性活动平台、一处市民游乐的场所。沱江河人文生活项目布局如图4-18所示。

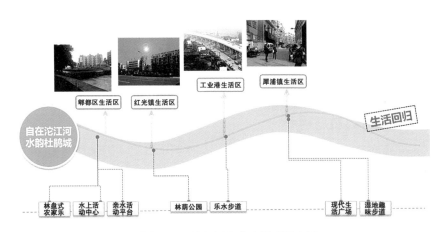

图4-18　沱江河人文生活项目布局

③ 策略三：人文精神回归

人文精神是一个地区特有的气质，通过对郫都区文化底蕴的深层次挖掘，力图恢复"古蜀望丛文化"核心风貌，并引进城市文化及公共艺术设施，从而实现对古蜀文脉的良好传承、对城市核心价值的展现，使沱江河成为郫都区文化的城市名片和首位体验地。沱江河人文精神项目布局如图4-19所示。

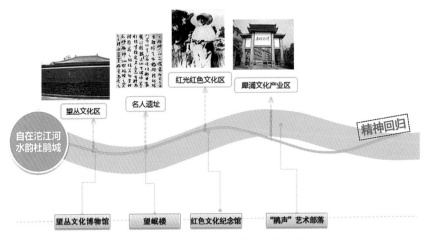

图4-19　沱江河人文精神项目布局

④ 策略四：人文产业回归

沱江河作为穿越郫都区主城区且与成都市主城区直接相连的唯一一条天然生态廊道，通过生态环境的改善、公共空间的塑造和文化功能的恢复，未来还可以通过引入代表性的文化产业功能节点，进一步推动郫都区文化产业的发展。沱江河人文产业项目布局如图4-20所示。

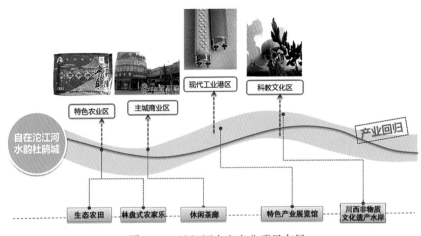

图4-20　沱江河人文产业项目布局

（3）四大回归策略指导下的景观节点设计思路

在以上四大发展策略的指导下，我们设计了杜鹃花海、乐农水岸、石牛公园、沱江故道等10个景观节点（图4-21），其中包括8个景观节点和2个门户节点。下面重点介绍杜鹃花海和沱江故道的设计思路。

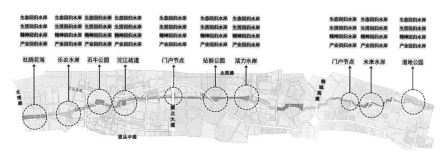

图4-21　十大景观节点布局

注：黑字橙底部分为节点布局主要设计思路。

① 门户精致空间——杜鹃花海

杜鹃花海（图4-22）位于郫筒镇入口，其现状为农林用地，具有良好的生态基底，总体规划中将其周边的用地规划为城市备用地。在具体的设计上，大面积种植杜鹃花，形成杜鹃的海洋；设计不同尺度的玻璃温室花房，让杜鹃在这里四季常开；以片植杜鹃为主，建筑穿插其中，在河对岸设计休闲活动场地使两岸形成功能与形态上的对比，提供游憩场所。杜鹃花海的设计一方面展示了城市的文化风貌，另一方面为市民提供了一个休闲的空间场所。

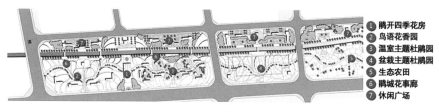

图4-22　杜鹃花海

② 自然与人文记忆的精致空间——沱江故道

沱江故道（图4-23）在设计时考虑满足人们的三大需求：游憩需求、纪念需求以及景观观赏需求。游憩需求：将水体引入地块内形成内湖，增加亲水空间，同时提供多种类型的活动空间，满足不同年龄段人群的需求。纪念需求：在湖面南侧设计了三个小型的纪念空间，纪念空间用水体相连，让人们在其中静静思考、默默纪念。景观观赏需求：融合中国古典园林与西方园林的造园手法，打造多样化的情感体验空间。

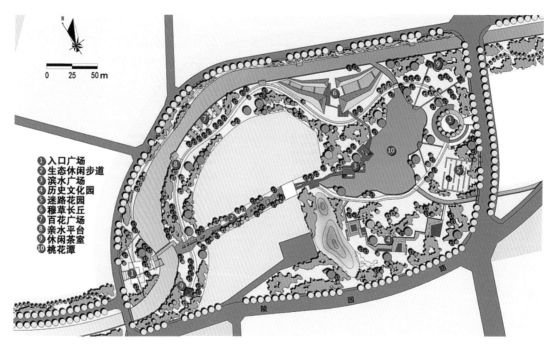

图4-23 沱江故道

通过对沱江河生态、生活、精神、产业景观空间的打造，在实现沱江河生态本体修复与城市绿地品质提升的同时，还对郫都区历史风貌的重塑、场所精神的复兴、文化产业链条的延展以及城市服务功能的加强具有重要意义。

4.2.2 城市主轴的活力再造[⑦]

城市主轴是有效组织城市空间的手段之一，也是构成城市空间的重要类型。目前我国很多地区城市主轴普遍存在缺乏活力的现象，原本应该是最具活力和人气的城市主轴线，如今却无人问津，失去活力[4]。因此，如何恢复城市主轴活力，如何建立新的活力城市主轴，是我们需要面对和思考的问题。

（1）成都"天府文化轴"

2016年，成都被定位为国家中心城市，撤销郫县，设立成都市郫都区。郫都区的定位是"成都市重要的教育科研基地、以电子信息产业为主导的卫星城"，并确立了"东进、南拓、西控、北改、中优"的发展战略（图4-24）。同时依托政策的引导发展，红光大道从过去城区对外的一条放射状主干道，一跃成为"中优"与"西控"的最重要城市连廊，承担成都"天府文化轴"功能，成为市域"双十字"文化轴的重要组成部分。所以，发挥红光大道的区位优势，规划适宜郫都区发展的路径，促进红光大道发挥主轴活力，辐射带动城市发展，是红光大道作为城市主轴所应该起的带头作用。

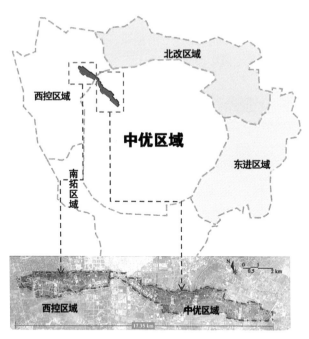

图 4-24 郫都区发展战略

（2）整体开发策略的发展模式

针对发展定位，结合三个亟待解决的关键问题（安全街道设计、景观街道设计、活力街道设计），构建了专属于郫都区红光大道的"1+3+5"策略体系。

"1"是基于功能、交通及景观三条线所打造的"缝合城市"策略体系。在功能缝合上，分析规整区域特色，确定区域定位主题，结合古今等文化特色，制定属于红光大道本身的地标内涵大道；在交通缝合上，完善交通基础设施，改善交通通行条件，提高区域联动性；在景观缝合上，将自然绿色植物与都市城市相结合，提高整体空间形象，改善居民生活品质（图 4-25）。

功能缝合：三个主题段
连接古今

交通缝合：交叉口及割
裂路段改善

景观缝合：新增37处
微绿地

图 4-25 "缝合城市"的策略体系"1"

"3"是我们所缝合的三种空间类型。一则，我们通过缝合功能空间，为城市发展注入引擎，拼贴城市起到引导城市功能整合的目的，同时运用以公共交通为导向的开发（TOD）系统，引导城市精明开发。二则，通过缝合交通空间，为城市发展提供基础；通过缝合形象空间，为城市塑造特色，从而形成全段形态管控与引擎节点管控（图4-26）。

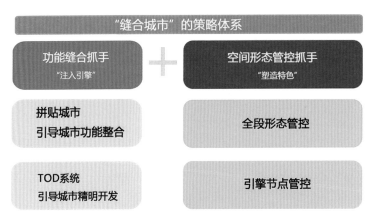

图4-26　"缝合城市"的策略体系

　　"5"是指五大具体的分项策略，这五大策略将从不同方面切实落实规划定位，助力实现战略蓝图。
　　① 拼贴城市，文商旅融合，引导城市功能整合
　　结合上位规划的用地布局，深入分析产业发展所衍生出的城市空间新需求，构建具有郫都区经济特色的三大产城融合片区，形成"一轴三片六核"的规划结构（图4-27）。同时分析周边产业集群特色，对基地功能进行补充叠加，功能叠加形成规模的集聚，催化经济发展，切实落实规划定位。

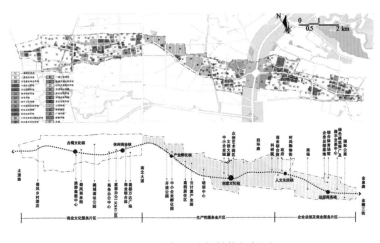

图4-27　郫都区功能结构规划图

② 运用 TOD 系统，引导城市精明开发

根据城市轨道及捷运站点的设置，规划区分为 TOD 主中心及 TOD
次中心两种（图 4-28）。主中心以 600 m 半径为范围，次中心以 400 米
半径为基本的服务范围，共形成六个核心区域。在服务范围内，划定高
混合用地单元，通过高密度高混合的开发，进一步提高交通体系对周边
地区的服务，促进交通与土地的协调发展。城市设计中包括五个 TOD
节点（图 4-29）。

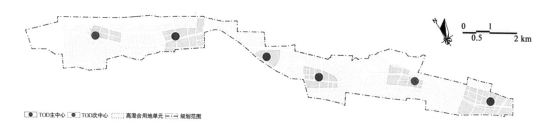

图 4-28　主次中心分布图

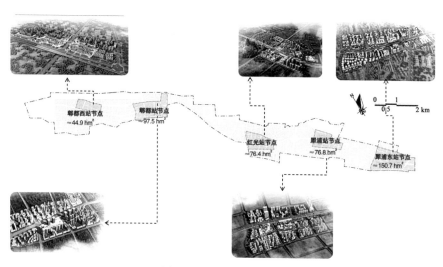

图 4-29　五个 TOD 节点

对五个 TOD 节点的业态、形态、界面进行深入设计，这里以郫都站
节点为例。主要依据"1+3+5"策略体系，通过功能缝合、交通以及景
观缝合对节点进行分析并予以落地。以缝合商业空间为亮点，在功能空
间上强化连续的商业界面，同时加强交通的管制，实行人车分流，并且
结合综合体建设立体交通（图 4-30）。为了避免商业区的单调，丰富商
业界面的整体空间感，在景观规划上，丰富街道颜色背景，激发商业区
域流动活力（图 4-31）。

——>0.8 ═══0.6—0.8═══0.4—0.6═══<0.4

图 4-30 红光大道沿线交通荷载分析图

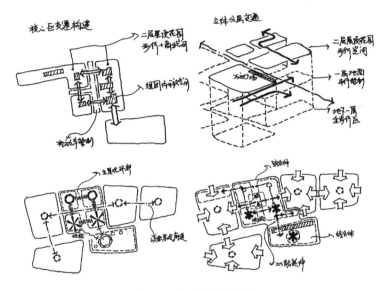

图 4-31 郫都站节点设计

③ 识别并重点塑造特色空间，打造精致有序的城市风貌

充分利用交通门户建设最有价值的特色要素内容和空间区域。以公共资源为核心，通过建筑形式及建筑尺度的变化，形成风格多样，且精致有序的城市空间。按照"老成都、蜀都味、国际范"的城市风貌定位，在建筑和景观风貌建设上着力保留历史文脉，彰显国际都市魅力。

④ 打开空间，引绿入城，提升空间的景观性、舒适性和宜人性

在城市空间的利用上，借助建筑的退线空间及广场等城市空间，结合坐凳、景墙等城市家具，美化城市空间并满足休闲游憩需求，提升空间活力；在生态空间利用上，通过增设功能设施，提高生态空间的可进入性，打造城市居民的"绿道"空间。

⑤ 打造特色文化空间，承接成都"十字"文脉

在规划设计上，需要识别郫都区名片。郫都区有三大城市名片：古蜀都（古蜀文化发源地）、红土地（红光广场所在的红光镇有浓厚的红色历史积淀）和蜀绣乡（蜀绣发源地）。每一张名片都彰显当地深厚的文化

特色底蕴，规划除了需要强调名片特色，还需要发掘其他突出特色，互相磨合，相辅相成。同时，继成都市打造"80 km 文化中轴线"后，东西向"天府文化传承轴"的建设也蓄势待发，这是郫都区（红光大道）的巨大发展潜力。规划不仅可以依托文化特色景点，而且可以依托景观节点、高铁站区节点等空间，简单直接地展现各区域的重点文化，在起到宣传作用、凸显特色文化的同时，也为游客的出行提供指示关键词，方便游客的出行（图 4-32）。

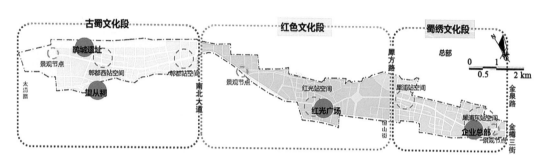

图 4-32 文化风貌特色规划图

综上所述，红光大道在地块管控上细到地块，形成面向规划管理精准定制的街区尺度、开放空间、建筑风貌 3 类 11 项图则要素；在开发模式上，规划采用以线穿点、以点带面的开发模式，构建五大功能核心。通过红光大道进行串联，并以核心点辐射带动周边片区发展，最终形成与区域间的协调发展，为周边产业集群发展提供支撑，形成产业协调融合；通过优化改善规划区内路网系统，使之与周边路网互联互通、快捷衔接，形成交通协调融合，以水为脉；通过沱江河及四条支渠延续生态肌理，融入生态格局，形成生态协调融合。规划围绕"1+3+5"策略发展体系，发掘并发扬红光大道区域文化特色，推动红光大道区域全面协调发展，提高城市主轴的发展活力。

4.2.3 凤凰于飞的城市脊柱[8]

如果问一座城市的灵魂是什么，相信大多数人都会脱口而出，文化是一座城市的灵魂；如果问一座城市的脊柱是什么，那么应该就是贯穿城市的中心轴线了。城市中心轴线好似人类颈椎，支撑城市的大脑，为城市提供血液，推动整个城市发展。

凤凰新城地处唐山西北部，2008 年迎来了新的发展契机，作为新时期唐山四大主体功能区之一，全面规划与高速发展让这只凤凰展翅欲飞（图 4-33）。友谊路是南北贯穿凤凰新城中心的轴线，是凤凰新城最早建设的基础设施，寄托了唐山市人民美好的感恩之情，承载了唐山市人民

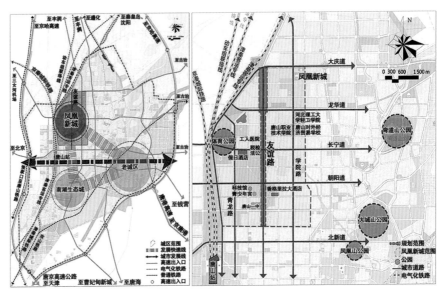

图 4-33　凤凰新城中观、微观区位图

渴望发展和幸福生活的美好希望，见证了凤凰新城的一步步腾飞。然而，友谊路不仅仅是见证，更会在未来凤凰新城的发展中扮演重要角色。在功能定位上，友谊路作为凤凰新城中心的轴线，是凤凰之脊的形象担当。友谊路将作为凤凰新城第一商业商务街，为周边学校、居民区等提供休闲购物空间，起到聚拢、凝聚作用，加强周边区域联系。

为了迎合城市定位，营建凤凰新城乃至唐山发展的新高地，在规划上，从"活力""生态""根植性""文化""紧凑发展"五大理念出发。首先，在"活力"上，实现复合功能和居住区的有机植入，营建富有活力的凤凰之脊；其次，在"生态"上，打造绿色道路景观，营建生态低碳的凤凰之脊；再次，在"根植性"上，实现城市功能的有机植入、道路风貌的和谐统一，充分体现规划的可实施性，打造体现和谐性、整体性的凤凰之脊；再次，在"文化"上，实现文化传承和渗透，提升友谊路乃至凤凰新城的文化地位，营建凤凰新城乃至唐山新的文化高地凤凰之脊；最后，在"紧凑发展"上，充分利用土地资源，打造高效、财富集聚、社区和谐的凤凰之脊。

同时，规划提出了空间、文化、产业三大发展战略（图 4-34 至图 4-36），从土地资源、城市文化、经济发展方面提出发展设想，进而落实到方案设计中。在空间战略上，将友谊路划分为三段分主题的空间段落，从创新、活力、和谐三方面各有侧重地展示凤凰之脊的总体目标；在文化战略上，认知友谊路所要体现的工业文化、抗震文化、民俗文化三种文化特质，通过文化载体和文化渗透形式，使文化融入城市建筑、空间，形成独具特色的城市风情；在产业战略上，通过重点完善并提升商业、金融等项目，将友谊路塑造成高新产业中心和商业商务中心。

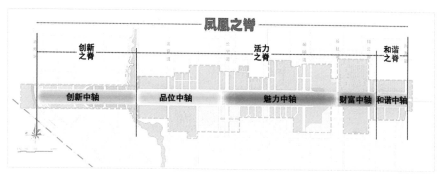

图 4-34 空间战略

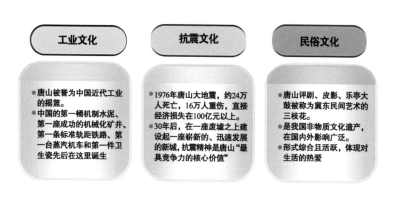

图 4-35 文化战略

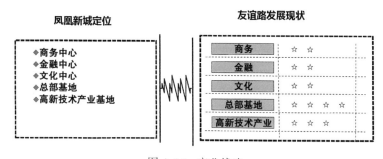

图 4-36 产业战略

　　友谊路的规划秉承"将设计落地，助规划实施"的编制思路，放眼于友谊路两侧整体建设风貌及功能统筹。规划采用"总体战略—总体设计—总体控制引导—分区建设引导"的技术方法，以承接和落实"三脊五轴"的空间发展战略为原则，在用地规划的基础上，对友谊路进行功能分区（图4-37），并以此作为分区设计阶段功能细分的基础。这里的功能分区，不同于一般的功能分区，在落实"三脊五轴"的基础上，各功能分区分别具备了凤凰之脊创新、品位、魅力、财富、和谐特征的功能和景观属性，为友谊路两侧的城市建设提供了切实可行的实施方案。

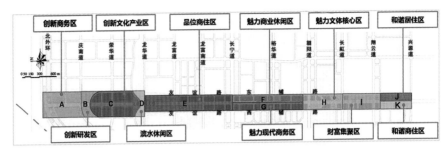

图 4-37 功能分区

由上可知，在规划实施方面，本项目从"总体控制—分区控制"切入，从整个友谊路两侧区域层面、分段层面及各控制单元层面层层对城市建设进行详尽引导，在每个层面中从"总体设计""用地开发控制引导""交通系统控制引导""城市空间控制引导"以及"建筑实体控制引导"五个方面来阐述城市设计意图，全方位地引导友谊路两侧的规划实施。

4.2.4 开往未来的创业大道

1）潮南区陈沙大道"双创"走廊概念规划⑨

（1）项目背景与定位

随着 2017 年《汕头市潮南区城乡总体规划（2013—2030）》的正式批复，其中针对潮南区提出的"结构性渐进更新"（SPR）理念也进入了实施元年。此外，随着"南拓北优"地方战略的提出，潮南区政府明确提出了新时代下的发展诉求。而陈沙大道（图 4-38）沿线区域就是新诉求下"南拓"的最佳机会空间，它迎来了跃升发展的机遇。但它同样面临着用地破碎化、低效和紧缩的特性问题。沿线传统高污染产业的动

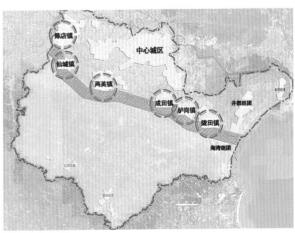

图 4-38 陈沙大道沿线区域

力不足、低水平的服务配套、人口的外流趋势，都给"双创"目标的实现带来了很大的阻力。规划区跨越六座城镇，在潮汕地区传统自下而上"自组织"的治理逻辑下，各镇的个体诉求与区域的整体发展诉求存在较大的协同难度。

为摆脱现状发展困境，深度推进大众创业，创新发展新经济，培育产业新动能，需积极探索发展新引擎，响应永动陈沙、未来之路的城市发展路径。因此，推动陈沙走创动之路，利用经济驱动，集约产业发展，提高土地利用率，创建高端产业集聚地；推动陈沙走乐动之路，创建潮南文创新高地，营造城市形象标识区，提供精准完善的公共服务，打造潮南城市文化灵魂；推动陈沙走慢动之路，将城乡生活相结合，在城市忙碌匆忙的日子里，打造一方净土，改善生态环境质量，创建慢生活体验带，居业共生创新区。

（2）规划构思与策略

本次规划以渐进更新为主线，针对有限目标和实施重点，提出具有落地性的解决方案。本次规划摈弃了传统总体规划的"终极蓝图"，充分尊重市场在地区经济发展中的决定性作用，强调以渐进式的更新、尊重本地现实条件的改造方式来实现结构性蓝图。例如，基于区域整体发展诉求，通过民间组织、宗族理事会和行业工会等非正式部门以及各级人民政府等政府部门自发组织，针对城乡规模、产业发展、文化风貌、环境建设等提出自身诉求。同时，基于上下级规划，根据各镇现实条件，制定规划目标，确定各镇实施重点，绘制整体结构性蓝图，确保规划设计方案的有序实施。

① 产业策略

规划针对潮汕"自组织"秩序进行深入思考，提出能落地的产业体系。例如纺织服装产业体系，规划提出了纺织服装"二次创业"的创新模式。规划不仅通过植入产品和五个补链产业延伸了传统链条，更以深入的地方沟通为基础，在产业各环节充分发挥地方协会、高校等平台的作用，为中小企业提供更多的发展机会。其具体策略如图4-39所示。

② 空间策略

本次规划采用定量分析方法诠释落地性，即采取用地开发潜力综合评价方法识别出高潜力地块，指出地区未来

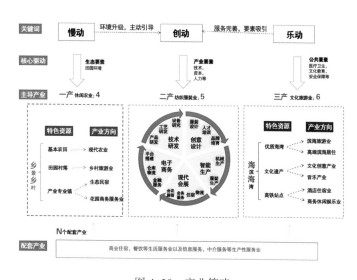

图4-39　产业策略

注：4、5、6分别代表三次产业的产业方向。

的有限重点目标。方法体系包括用地综合适宜性基础评价、综合用地效率评价、土地开发价值评价。将上述三项评价结果进行加权叠加，识别出陈沙大道沿线区域的高潜力地块，作为未来存量更新和发展建设的"有限重点目标"。在空间布局上，规划基于用地潜力综合评价结果，识别三个生产、生活混合的"产城混合单元"，并分别提出有关功能类型和开发模式的规划建议。比如，在现状工业用地上，将工业与研发、展览相结合，形成"生产+研发+宣传"的产业结构。同时，依托现状山、水格局，结合城乡用地，构建网状的绿廊联系，使陈沙走廊西联生态区，东系城镇群，融入区域发展，使陈沙走廊本身形成"一廊三段三核、多区多心"的空间结构。其具体策略如图4-40所示。

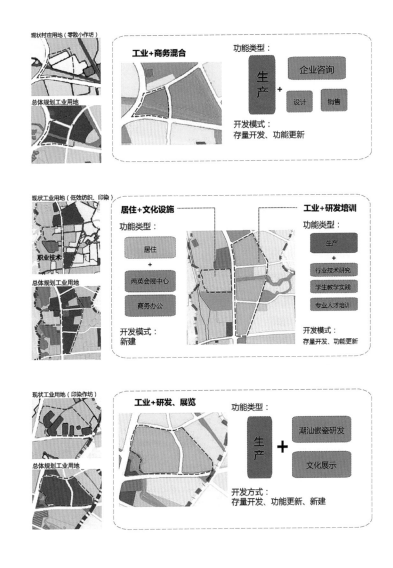

图4-40　空间策略

③ 品质策略

首先，在便捷交通上，高铁、航空、快速路等多元快速交通方式构建了陈沙走廊和周边主城区的便捷交通联系，且在潮南区已形成由高速公路、铁路、快速公交系统（BRT）、轻轨等交通方式组成的综合交通网。因此，陈沙两核心到潮南区各城镇的交通时间可控制在30分钟之内。其次，方案依托七个主要面向公众的节点空间，进行了核心触媒引领、多元功能配套的设施建设。同时，设施建设结合现状，采取以存量建设为主、以新建用地为辅的综合开发方式，真正实现了可实施的混合功能走廊建设。最后，方案结合道路和现状水、绿空间，规划了35条与外部区域互联的生态绿道，并在沿线布置了生态、文化、零售和骑行共37个服务驿站，构建了多元休闲空间，对陈沙两核心及全域生活品质进行了全面提升。其具体策略如图4-41所示。

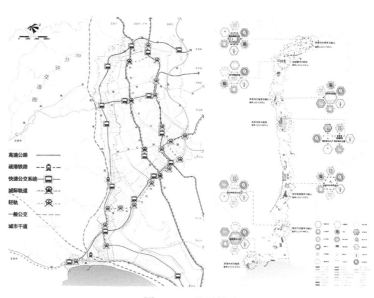

图4-41 品质策略

（3）节点城市设计

① 甜心乐活湾

甜心乐活湾（图4-42）以打造潮南幸福海岸、滨海旅游休闲度假区和活力形象展示区为目标，发展海滨度假旅游发展区，吸引地产投资、商业投资等，扩大商业发展区，满足商业发展需求。同时，依托其地理位置与气候优势，建设高端颐养区，满足地方养老需求的同时，提供优质养老环境。

② 金竹慢活村

金竹慢活村（图4-43）以打造潮南特色旅游村、村庄微改造示范点和全域生态绿道服务节点为发展目标，提供民宿、乡村旅游等商业服

图4-42 "乐活湾"

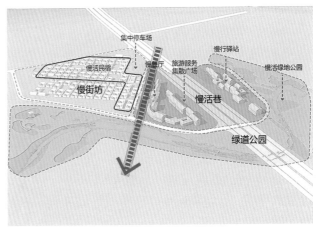

图 4-43 "慢活村"

务，同时结合现代农业来推动农业发展，增加农业产值。金竹慢活村以
宣传慢生活、慢节奏的自然田园生活为卖点，吸引都市白领、老人孩童
等来此旅游观光。

③ 两英创智核

两英创智核以打造潮南最具影响力的创智新城、最具活力的共享空
间和最富特色的形象展示中心为目标，运用现代智慧科技，涵盖创意研
发、商务会展、商业服务等，创建集工业、商业、教育、智慧研发于一
体的新型服务中心（图 4-44）。

图 4-44 新型服务中心

陈沙大道"双创"走廊涵盖六座乡镇，为形成乡镇联动，从产业、
空间、生态及生活品质上全面提高区域生活质量、推动区域协调发展。
同时，抓住城市设计节点，创建集田园乡村旅游、智慧现代科技、活力
商业娱乐于一体的串联走廊，带动周边乡镇发展的同时形成差异化发展，

保留自身特色，吸引游客。

2）菁蓉镇创业大道[10]

（1）项目背景和定位

成都市郫都区创业大道（图4-45）位于成都市菁蓉小镇，是成都市自主创新示范区的核心板块。创业大道位于核心区的中央位置，南北连接清水河东路与文明路，是进入该片区的重要干道。创业大道北段周边创业硬件配套基本完善，从地理位置上看该段落具有明显的门户展示作用，是菁蓉镇双创文化的核心展示廊道。但是创业大道同时存在街道活力不足、景观系统不连续等问题，为了提升创业大道整体氛围，改善创业创新环境，打造郫都区最具年轻气质的街道，制定了街道风貌提升设计方案。

图4-45　创业大道

（2）方案构思与策略

对准三类人、三种行为进行风貌系统的提升，从交通、景观、街道活力三方面入手，进行道路全线系统优化及分段建设引导。在交通上，对非机动车与步行空间进行尺度优化，并通过街道横纵空间不同尺度的再设计，形成机动车道、非机动车道和人行道互不干扰的安全街道；在景观绿化上，化零为整，水绿入街，突出景观的可识别性与可进入性，通过水系、绿地及沿街立面形成主题连续、可进入的景观街道；在打造活力街区方面，对应不同街区功能和人群特征，分主题设置77个全天候活力设施，分段形成5个主题特色活力街区（图4-46），全面提升街道活力。

图 4-46 创业大道五个主题

将街道分段形成五个主题特色活力街区，并从交通、景观以及街道活力三个方面分析街道特色，突出街道发展的差异性，使街区错位发展的同时又协同发展。

① 年轻的童心（展望东路—静园东路）

围绕"年轻的童心"主题，布置"童心"街道（图 4-47），例如在步行空间设置亲子设施、闲谈雅座，提供孩童释放活力的空间。同时，增加三处可进入微绿地景观，结合亲子设施设置景观活力雕塑。由于提供的街道多服务于孩童，因此在安全方面，需结合孩童真实适应情况，对街道及街道周边进行整改，降低步行空间宽度，内移骑行道，增设混合设施带等保证孩童游玩期间的安全。

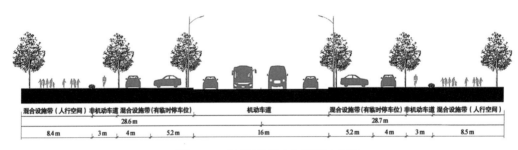

图 4-47 "年轻的童心"街道立面图

② 年轻的浪漫（静园东路—稻香路）

围绕"年轻的浪漫"主题，塑造浪漫的街道空间（图 4-48），设置

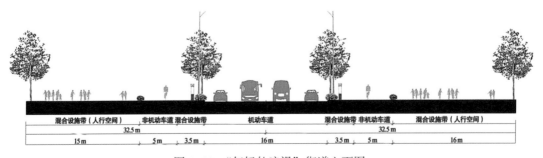

图 4-48 "年轻的浪漫"街道立面图

仰望星空草坪、浪漫爱墙、爱情拱门等娱乐悠闲设施，营造浪漫温馨、适宜约会的氛围；在街道的景观布置上，在原步行空间增加绿地景观面积，增加双侧水景，在静园东路路口设置台阶草坪及景观矮灯柱群；在街道规划上，仅保留内侧步行空间，并使步行空间贴近建筑沿街立面，营造友好步行的活动空间。

③ 年轻的智慧（稻香路—田坝东街）

通过公共服务设施以及其他基础新型设施的引用，缩减不必要的程序，减少不必要的劳动服务，节约时间。例如，在交通上，降低步行空间宽度，内移骑行道，增设混合设施带（52个临时停车位），用来满足停车需求，做到智慧停车；在景观设计上，红展东路路口作为全段景观标识，全段增加6处水景、10处微绿地；同时，围绕"年轻的智慧"主题，重点针对双创人群设置路演广场、智慧菁蓉盒子等活力设施（图4-49、图4-50）。

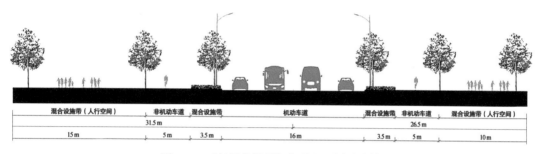

图4-49 "年轻的智慧"街道立面图（改前）

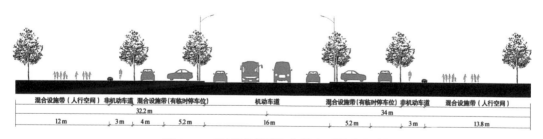

图4-50 "年轻的智慧"街道立面图（改后）

④ 年轻的绿色创意（田坝东街—文明街）

结合德源广场文化娱乐功能，围绕主题设置街头艺人小广场等绿色创意设施，以增加街道活力；同时，在街道西侧增加三处水景，并结合临街商铺增加街道座椅，在美化街道的同时提供行人休憩的场所；针对道路安全问题，将东侧原道路人行道改成混合设施带，拉近步行与建筑临街面距离，防止行人街道与非机动车道距离过近等（图4-51）。

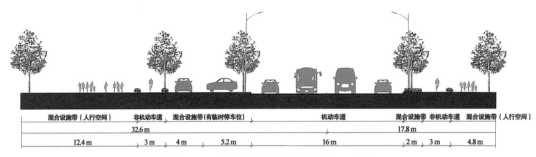

图 4-51 "年轻的绿色创意"街道立面图

⑤ 年轻的生活态度（文明街—同心路）

围绕"年轻的生活态度"主题，展示本段沿线社区居民的日常健康生活态度；为了街道行车方便及安全，将双向步行道贴近临街建筑，双向骑行道内移，间隔机动车、非机动车以及行人的出行车道，避免安全隐患；在街道景观上，塑造健康生活的连续步行景观——银杏广场及银杏公园，以增添空间色彩、活跃空间氛围（图 4-52、图 4-53）。

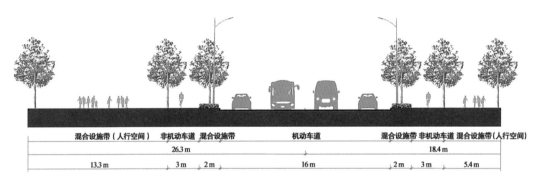

图 4-52 "年轻的生活态度"街道立面图（改前）

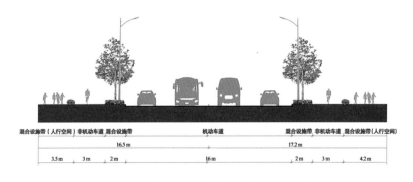

图 4-53 "年轻的生活态度"街道立面图（改后）

菁蓉镇创业大道规划主要从交通、景观以及街道活力三个方面进行了系统的规划。同时，划分五个活力主题，塑造别具一格的主题街道，在吸引行人的同时兼顾不同客群的追求与需求。

第4章注释

① 第4.1.1节原文作者为刘晓娜、乔硕庆，陈易修改。
② 第4.1.2节第1）部分原文作者为付亚齐，陈易、刘晓娜、乔硕庆修改。该章节的部分观点源自作者在南京大学城市规划设计研究院北京分院公众号发表的文章《人性化街道的活力营造》。
③ 参见百度文库《城市街道活力的营造》。
④ 参见新浪博客《重拾街道活力的对策》。
⑤ 第4.1.2节第2）部分原文作者为田青，陈易、刘晓娜、乔硕庆修改。该章节的部分观点源自作者在南京大学城市规划设计研究院北京分院公众号发表的文章《浅议帝都之公共自行车》。
⑥ 第4.2.1节根据《郫县沱江河两岸绿地景观概念规划》项目研究成果、工作总结与心得体会编写，编写人为陈易、刘晓娜和乔硕庆。
⑦ 第4.2.2节根据《红光大道重点区域城市设计》项目研究成果、工作总结与心得体会编写，编写人为陈易、刘晓娜和乔硕庆。
⑧ 第4.2.3节根据《唐山友谊路（兴源道—北外环）两侧城市设计》项目研究成果、工作总结与心得体会编写，编写人为陈易、刘晓娜和乔硕庆。
⑨ 第4.2.4节第1）部分根据《汕头市潮南区陈沙大道"双创"走廊概念规划》项目研究成果、工作总结与心得体会编写，编写人为陈易、刘晓娜和乔硕庆。
⑩ 第4.2.4节第2）部分根据《郫都区菁蓉镇创业大道沿线风貌提升研究》项目研究成果、工作总结与心得体会编写，编写人为陈易、刘晓娜和乔硕庆。

第4章参考文献

［1］简·雅各布斯.美国大城市的死与生［M］.金衡山，译.南京：译林出版社，2006.
［2］芦原义信.街道的美学［M］.尹培桐，译.天津：百花文艺出版社，2007.
［3］钟文.街道步行空间的人性化设计［D］.长沙：湖南大学，2005.
［4］许悦.城市主轴线大道的活力：巴黎城市主轴线大道与上海浦东世纪大道的比较研究［D］.上海：上海大学，2008.

第4章图表来源

图4-1、图4-2 源自：摄图网.

图4-3 源自：昵图网；摄图网.

图4-4 源自：搜狐《沪上那些老书店，你还记得几家？》.

图4-5 源自：昵图网《尺度超常的街道》；昵图网；四川在线—德阳频道《德阳市城管局整治淮河路市场周边占道乱象》.

图4-6 源自：搜狐网.

图4-7 源自：昵图网《舒适宜人的街道》.

图4-8 源自：北京市交通委员会官网.

图 4-9 源自：网易新闻《探营北京大兴国际机场》；网易新闻.

图 4-10、图 4-11 源自：北京市交通委员会运输管理局.

图 4-12 源自：北京市通州区公共自行车租赁处.

图 4-13 源自：田青拍摄.

图 4-14 源自：央广网《北京秋天旅游景点推荐　这些美景给你暖意》.

图 4-15 至图 4-23 源自：《郫县沱江河两岸绿地景观概念规划》项目文本.

图 4-24 至图 4-32 源自：《红光大道重点区域城市设计》项目文本.

图 4-33 至图 4-37 源自：《唐山友谊路（兴源道—北外环）两侧城市设计》项目文本.

图 4-38 至图 4-44 源自：《汕头市潮南区陈沙大道"双创"走廊概念规划》项目文本.

图 4-45 至图 4-53 源自：《郫都区菁蓉镇创业大道沿线风貌提升研究》项目文本.

表 4-1 源自：田青绘制.

表 4-2 源自：何博，卢青. 城市公共自行车系统运营模式浅析［J］. 交通企业管理，
2012，27（4）：49-51.

5 水与城市，城市里的流淌空间

5.1 城市与水的关系没有那么简单

5.1.1 清溪川，人与水的和谐共处[①]

近些年，"低影响开发"（LID）、"可持续城市排水系统"（SUDS）和"海绵"等雨水管理理念不断被大家所认识，可是我们的城市却似乎变得更加脆弱。在近两三年的工作中经常会去"因水而生"的一些城镇，而在那里时常会看到城市内涝、被严重污染的水体等毫无生机的景观。虽然造成这些的原因为工业废水排放、基础设施系统缺失、景观空间塑造不足等，但我认为其实更深层的原因是我们没有处理好"人与水"的关系，城市管理缺少从治理高度构建人与水体和谐关系的手段。

前两天在整理资料时看到韩国首尔清溪川改造（图5-1）的案例，现在看到还是颇有感触，希望在这里再谈一下这个案例对人与水关系的认识。

图5-1 清溪川改造后（左）与改造前（右）

（1）九年前对清溪川案例的印象：景观改造的成功代表

还记得在自己工作的第一年（2008 年）做了一个暗渠改明渠的项目，当时找到了清溪川案例。由于当时经验十分有限，更多的就是从表象上的功能、断面、景观等几个方面做了一些初步研究，现在看来确实比较初步，下面我将从以下几个方面来说明清溪川改造的具体措施：

① 水体复原

建立了新的独立污水处理系统，保证水体清洁。在此基础上采用三种方式为清溪川河道供给水源，其中第一种方式也是最主要的方式，抽取经过处理的周边的河流水；第二种方式，抽取地下水和雨水；第三种方式，中水利用，这种方式只作为应急条件下的供水方式。

② 交通疏导

交通问题一直是清溪川改造面临的重要问题，为了减轻市中心的交通压力，增加了穿过市中心的公共交通的数量，鼓励市民乘坐公交出行，减少自驾车出行。

③ 河道整治

对河道的上游、中游、下游采取不同的整治措施。上游河段用花岗岩石板铺砌亲水平台，河段断面较窄，一般不超过 25 m；中游河道南岸以块石和植草的护坡方式为主，北岸则修建连续的亲水平台；下游的整治方法与上中游略有不同，它以体现生态自然为主，两岸多采用本土植物物种进行植被的铺装，另外设有亲水平台与过河石级。

河道整体设计为复式断面，分为 2—3 个台阶，人行道位于河流两侧，创造人与水和谐相处的亲密空间。其高程是河道设计最高水位，中间台阶一般为河岸，最上面一个台阶为机动车道路面。同时，为减少水的渗漏损失以及减少水渗透对两岸建筑物安全的威胁，设计采用黏土与砾石混合的河底防渗层，厚 1.6 m，在贴近河岸处修建一道厚 40 cm 的垂直防渗墙[1]。

（2）两年前的一次合作研发工作再遇清溪川：环境改善带来的土地价值提升，上升为政治筹码

2014 年，我院与国际知名设计公司合作进行"绿色城乡再生"方法研发时，再次将清溪川作为探索性案例——以绿色再生的路径为城市带来了复兴（图 5-2）。

2002 年 6 月，李明博把清溪川复兴改造作为首尔市市长竞选的第一公约。2003 年 7 月，首尔开始拆除清溪川高架道路，修建滨水生态景观及休闲游憩空间，2005 年 10 月竣工。清溪川改造产生了积极的影响，

图 5-2　绿色清溪川

在交通方面，新交通系统投入使用后，乘坐公共交通出行的市民增加了11%；在气候方面，清溪川复原前，高架桥一带的气温比首尔市区的平均气温高5℃以上，而复原后，其平均气温比首尔低3.6℃；在经济方面，清溪川的改造为改变川南川北两岸发展不平衡奠定了基础，两岸周边的土地价格因此上涨了30%—50%。

第二次将清溪川作为案例研究，我对这个项目的关注点从空间转向了价值升值，这个项目从环境改造带动周边土地价值升值的意义对如今我国的城市更新有着重要的参考意义。

（3）九年后的再次偶遇：以"人与水"的和谐构建实现现代城市治理

一个偶然的机会，我乘车路过首都博物馆时看到了"水路城市：首尔，清溪川的变迁"的展览海报，因为之前与这个改造项目的几次接触，我当时毫不犹豫地改变了行程，下车前往参观。通过展览了解了清溪川改造背后的种种之后，我对这个改造的实践产生了新的解读——从城市治理的角度出发。

① 清溪川承载了"水与人"共生的棚屋——自下而上的力量

朝鲜战争后，难民在清溪川沿线搭起棚户区（图5-3）。历史照片呈现了在工业化进程当中，清溪川沿岸逐步成为首尔城镇化的地带，也是农民转变为劳工的地带（图5-4）。

图5-3 清溪川边的棚屋村

② 清溪川的复原目标：恢复生态环境与历史，激活落后的江北城区发展。

③ 清溪川的复原推进的现代治理：建立政府与市场、公众合作的多元管理体系。

对工作组织的管理：清溪川复原工程的展开并非由政府组织主导，而是成立战略组，转变以往自上而下的控制，形成相互合作的管理体系。清溪川复原推进本部负责制定实行计划、执行项目、与相关机构协调，清溪川复原支援研究团是负责研究、调查、企划的专业团队，清溪川复原市民委员会负责提示政策方向、听取意见、向市民宣传（图5-5）。

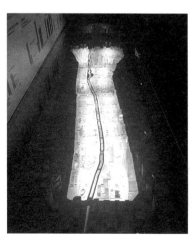

图5-4 清溪川沿岸片区

图 5-5　清溪川复原项目推进体制与本部组织

对舆论的管理：对于复原的争论在舆论层面也一直未间断，因此在清溪川的复原工程中，首尔市政府通过舆论宣传向公众强调改造的必要性、急迫性和可行性，着手取得市民的支持。通过对外公开覆盖道路地下现状、令市民体验清溪川的衰退现状，让市民作为变化的体验主体参与。最后这项工程得到了 75% 的首尔市民赞成。

对利益相关人的管理：对于清溪川路一带的原有商人和摊贩，由于改造将影响这些人的利益，因此首尔市政府对这些利益相关人的管理十分重视。但也明确治理的原则，针对商人，改造提出对于合法经营的保障，不侵害他们的营业场所，保证其在清溪川周围继续从事经营活动；对于非法营业的摊贩，则采取施工后强制撤离的措施，以保障秩序。

但这些措施并非是冷冰冰的隔离与驱赶，而是充分体现以人为本的服务宗旨，力求获得与清溪川历史共生的商人和摊贩的谅解。对于希望继续营业的商人，首尔市尽量减少不方便因素，推动商业活动；对于希望移居的行业，则为他们提供移居对策（在松坡区文井洞制定了规模为 83 852 m² 的宜居园区计划）。同时，对于非法营业被撤离的摊贩，为帮助他们维持生计，在东大门运动场设置了民俗跳蚤市场，让 894 个摊贩入店经营。清溪川复原前后的主要商圈分布如图 5-6 所示。

图 5-6　清溪川复原前后主要商圈分布

对清溪川周围地区的管理：清溪川复原工程没有孤立展开，而是与周围地区的管理紧密结合。通过多样化的管理方法寻求开发与保护、河川与周边的协同。对于周围地区的管理，首尔市设定大框架，民间负责主导开发。按照地区特征，清溪川周围地区被划分为自主创新区、保存特色区、重建区、综合整治区四个分区。区域协同的管理有效带动了周边地区的土地开发（图 5-7）。

图 5-7　周围地区新建的大规模建筑物

（4）清溪川复原工程是动态治理的有益实践，也是体现治理长期性的工程

可能更多对于清溪川复原工程来说，外部的评价对开放空间、老旧地区复兴是积极的，当然也是城市治理的较成功案例。但我们也需要冷静地看到，尽管采取了多项面向"人本"的治理措施，清溪川的复原工程仍然需要在未来治理上进一步完善。比如过于强调亲水空间而导致生态和历史的目标没有完全实现；诸多河道人工改造设施导致对生态稳定性与多样性造成威胁；近期生态处理材料的可持续性差等。该工程完工10 年后，这项治理事业还未完成。

人与水的关系，远远没有那么简单。

5.1.2　加冷河，带你去看人家的河[2]

每年总有那么几天，总有一些内陆城市会"荣升"为"滨海城市"，解决城市内涝问题又重新引起了中央的高度重视。除了高效的城市雨水收集处理系统，另一个能够有效防治城市内涝的要素便是城市河道。于是，我便想到了海岛城市新加坡的"蓝绿城市设施"和"活跃，优美，洁净——全民共享水源计划"（ABC）。整个计划包含了上百个改造项目，下面我们回顾一下其中获得 2012 年世界建筑节（WAF）最佳景观奖的加冷河—碧山公园改造项目。

在此之前我们先总结一下国际上其他国家的类似计划或概念，例如英国就地复制自然生态排水系统的"可持续城市排水系统"（SUDS）、美国源于生态城市理念提出的"低影响开发"（LID）模式等城市雨洪管理，另外还有我国推广实践过程中的"海绵城市"理念，其根本均是打破传统僵硬的雨水管道式汇水及排水方式，利用城市景观的打造实现自然生态系统的还原，同时协助城市的雨洪管理防御[2]。

再回到新加坡，海岛国家新加坡并没有天然的地下蓄水层，虽然降雨量充沛，但是用来收集和存储雨水的土地面积却十分有限，因此易遭受洪水等自然灾害的侵袭。20 世纪 60 年代，新加坡也因城市的快速开发与人口增长使得城市内的洪涝和水污染等自然问题愈发严重，当初城市内仅仅建造了混凝土河道和排水沟来减轻灾害（图 5-8）。

图 5-8　新加坡改造前的硬质河岸

2006 年，"ABC"计划提出采用"水敏性城市设计"（Water Sensitive Urban Design，国际水协会给它的定义为：是城市设计与城市水循环的管理、保护和保存的结合，从而确保了城市水循环管理能够尊重自然水循环和生态过程[3]）方法实现可持续雨水的应用，加冷河—碧山公园改造项目便是其中之一。设计也把原本僵硬的混凝土河道在形式、功能等方面进行了生态式还原，改造成具有生态、休闲娱乐等功能的自然式河道。以软景河岸的方式塑造河道边界，一方面使人们更容易接近水面；另一方面当遭遇暴雨时，起到拓宽雨水输送通道、渗透水源的作用。而碧山公园也因此能够被称作一个集洪水管理、增加生物多样性、营造河道生态功能、提供休闲娱乐空间等多种功能于一体的城市基础设施（图 5-9至图 5-11）。

图 5-9　碧山公园改造前后对比

注：上端为改造后河道，下端为未改造硬质河道。

图 5-10　碧山公园改造后的河岸

另外还采用土壤生物工程技术来加固加冷河河岸，防止两岸土壤被侵蚀，这也为动植物创造了良好的栖息地，使得公园内的生物多样性比改造前增加了30%。

在河道改造过程中鼓励社区居民加入保持水道清洁的工作之中，水面的可达性也使得公民有了更大的河流保护责任感，这使得碧山公园获得了自我循环以及广泛的人工护理的双重保护。

图 5-11　碧山公园中的休闲娱乐空间

注：此地被新加坡广场舞爱好者占领。

城市设计，服务于公民，服务于人类社会，但目前城市设计的许多工作在一定程度上是建立在破坏自然环境的基础上的。我们时常将"以人为本"的设计理念挂在口头，可是又有哪些人能真正抵抗雨洪、泥石流、沙尘暴这些自然的愤怒力量呢！自然的力量，最有效的是以自然的方式去化解。规划设计是我们的任务，但敬畏自然、向自然学习更是规划设计师的职责，一方面，在设计中充分考虑自然因素与生态系统的保护；另一方面，要在设计中让使用者意识到自然与生态的重要性，提高保护意识也是十分必要的。

5.1.3　欧美，不再让大雨将城市颠倒[④]

近几年来，城市排涝一直是人们关注的热点话题。尤其是每年雨季，"在家看海，出行靠船"成为遭受内涝危害的朋友们自我调侃的方式。当然，内涝问题不仅仅是我们需要面对的问题，也是全世界困惑已久亟待解决的问题。例如美国、日本、荷兰、法国等，为了降低雨水过量导致的内涝问题，针对城市排水问题做出了相应的措施。下面让我们来分析一下各国的相关管理法规、雨水管理技术及技术运用。

（1）雨水管理整体理念[3]

① 最佳管理措施——美国

最佳管理措施（Best Management Practices，BMPs）包括结构性和非结构性程序，被美国环保局（USEPA）用来预防和缓解水污染问题⑤。非结构性 BMPs 是控制污染源的有效途径。结构性 BMPs 指的是各种工程设施，按照其应用原理分为五大类，即入渗系统、滞留系统、人工湿地、过滤系统、植物性过滤系统。常用的 BMPs 技术主要有滞留塘、雨水湿地、雨水过滤系统、植被草沟、雨水入渗等。

② 低影响开发技术——美国

低影响开发（Low Impact Development，LID）技术强调雨水是一种资源而不是废物，不能任意直接排放。LID 技术是一种新的 BMPs 设计理念，与传统的 BMPs 技术不同，LID 技术通过创建多个源头分散降水容量，利用植被、花坛等城市工具缓解雨水堆积，营造自然水流渠道[4]。与传统排水系统不同的是，LID 技术的造价及维修成本较低，但是在整体空间装饰、水位线控制以及水源净化等方面都发挥着重要作用，适用于高度开发的城区[5]。与 BMPs 相比，LID 技术具有多功能性、经济性和景观生态性。常用的 LID 技术主要有都市自然排水系统、植生滞留塘/生物滞留塘（雨水花园）、透水路面、生态屋顶、雨水收集装置、LID 树池、绿色街道、雨水再生系统等。

③ 健全水循环体系——日本

日本从环境保护层面明确健全水循环体系的重要性。2000 年，日本制定《环境基本计划》，要求流域内所辖行政机关对本土水资源循环体系有一个清楚认知，制订健全的水循环计划。2003 年 10 月，为提高水资源利用率，改善城市水循环系统，并针对当时出现的问题提出应对策略，构建水循环系统实施计划[6]。之后，日本《水循环基本法案》于 2014 年 7 月 1 日正式生效，推动水循环系统的实施与发展，帮助缓解排水排涝等问题，改善国民生活条件，提高国民生活质量。

（2）雨水管理政策法规

① 雨水排放许可证——美国

20 世纪 90 年代，美国联邦政府制定了《国家污染物排放削减许可制度》（National Pollutant Discharge Elimination System，NPDES），各州据此分别制定了相应的法律法规，要求经营者采用分流制雨水下水道系统，并获取 NPDES 雨水排放许可证，允许排放符合制度的污水[6]。除制定雨水排放许可制度外，为了减少雨水排放量，美国联邦政府及各州政府还采取了一系列政策补贴、奖励等有效手段鼓励住户使用渗透设施，缓解水涝、水污染问题。

② 雨水费征收制度——瑞典、丹麦、德国、美国

瑞典、丹麦以及德国、美国的部分州都已经具备了较为完善的雨水

费征收制度。其中，瑞典按照不透水面积来计算雨水费，若业主采用了源头控制技术，则可减少所需支付的雨水费；丹麦根据用水量收取排污费，排污费中的 40% 为雨水费，若业主采用了源头控制技术，可拿到高达 40% 的雨水费退款；德国按照排入下水道的雨水量收取雨水费，若业主采用屋顶绿化或雨水贮存及入渗设施而不排入下水道，则无须为这部分雨水支付雨水费；美国华盛顿特区采取"等效住宅单位"（Equivalent Residential Unit，ERU）的方法征收雨水费，对住宅范围内雨水难以下渗的面积进行收费[6]。从用途上来看，这些国家征收的雨水费很多被用于雨水回用或源头控制技术的推广。

③ 雨水利用补助——美国、日本

美国华盛顿特区设立了绿色屋顶专项基金，通过资金补贴鼓励开发商建设绿色建筑[6]；日本对雨水利用实行补助金制度，通过减免赋税、发放补贴和基金、提供政策性贷款等经济制度，以此促进雨水利用技术的应用以及雨水资源化。例如东京都墨田区，通过建立雨水利用补助金制度，对使用储雨设备的使用者进行资金补贴[7]。

（3）雨水管理应用案例

① 雨水广场——荷兰鹿特丹雨水广场

广场主要由运动场和山形游乐设施组成。几乎在一年中所有的时间里，雨水广场都是适宜玩乐的休闲空间，即使是在降水量多的雨季，雨水经过排水系统也可以完全消化掉。当遭遇超强降雨时，广场还具备暂时储水的功能，预防降水量突增，拖延形成水涝的时间，缓解排水问题。广场最多可以容纳 1 000 m³ 的该社区范围内的暴雨，雨水在广场里的储存时间最长是 32 小时。雨水广场将城市内的有效蓄水与公共空间结合起来，减轻城市排水系统应对突如其来大量降水的负担。图 5-12 为鹿特丹雨水广场。

图 5-12　鹿特丹雨水广场

② 住宅生态公园——丹麦诺和诺德自然公园

通过公园的地形高差设计与植被配置来实现雨水的收集和利用，将当地路面与屋顶的雨水蓄积到一个地下水池中，然后用于浇灌绿化屋顶，或者通过地下蓄水池将雨水引入各种生物栖息地。即使面对百年一遇的降雨，也能实现雨水就地处理，不需向下水道排入任何水。图 5-13 为诺和诺德自然公园。

图 5-13　诺和诺德自然公园

图 5-14 露天蓄水池

③ 利用大型公建停车场——法国勒阿弗尔足球场蓄水池

结合大型公建的道路和停车设施进行雨水收集、初级净化、储存等，以降低大面积的硬质铺装所带来的不良后果。道路两侧和停车场上预制的路缘石将这些硬质路面上的雨水排到周边的绿地或草沟中，然后通过埋在地下的暗管再将雨水进一步排入位于体育场一侧的露天蓄水池（图 5-14）中。

④ 居住区小型雨水花园——美国、丹麦等

独栋或连体住宅在北美和北欧较为普遍，这类住宅前后都有软质地表的草地。在草地里自制一个自家的小型雨水花园来处理来自附近停车场、道路等硬质地表以及自家屋顶的雨水，这样既可以收集雨水，缓解排水压力，又可以滋润自家花园，节省灌溉成本，可谓一举多得。

⑤ 利用道路边缘——各国普遍存在

为了削弱和控制地表径流，在道路两侧设计低洼的人行道和绿地，通过对地形的塑造将雨水降速逐渐引流到树池、草坪等缓冲绿地中。

综上所述，雨水不是"猛兽"，而是珍贵的资源，学习先进经验再结合城市实际情况应对城市内涝，并对此加以利用，可以从以下几方面入手：

第一，与大型公共设施或基础设施协调与结合，建立雨水收集装置；

第二，建立多功能、多样化的雨水过滤、收集、排放设施；

第三，实行区域化流量监测与雨水排放管理；

第四，建立相应的法规和制度，鼓励和引导雨水利用；

第五，加强政府、民间协会、规划师等协同合作。

图 5-15 特大暴雨的影响

5.1.4 认知，关于城市排水的方式[6]

我国在城市水环境管理方面，尤其是在传统城市排水系统方面目前有很大的不足。现在的城市路面往往采用硬化路面，城市排水主要依靠经典的排水设施，往往容易造成逢雨必涝、旱涝急转。其弊端就是在雨量过大时，会造成严重积水（图 5-15）。

为了应对积水，我们就要把地下管径做得更粗，这样做的弊端就是需要占用更大的地下空间。

突然想到了另一种最近比较火的城市设计理念——海绵城市。2012年4月，在"2012低碳城市与区域发展科技论坛"中，"海绵城市"概念首次被提出。该理念遵循生态优先等原则，将自然途径与人工措施相结合，在确保城市排水防涝安全的前提下，最大限度地实现雨水在城市区域的积存、渗透和净化，促进雨水资源的利用和生态环境的保护[8]。建设"海绵城市"并不是为了否定传统排水系统的存在，而是与传统排水系统互补，以达到减少城市内涝、降低径流污染、缓解水资源短缺的目的，最大限度地发挥城市本身的作用。我国海绵城市的实施如图5-16所示。

相对传统的开发模式，海绵城市属于低影响开发，主要是通过对雨水的渗透、储存、调节、传输、截污净化等来有效控制径流总量、径流峰值和径流污染，实现雨水资源的再利用（图5-17）[9]。

"2012低碳城市与区域发展科技论坛"首次提出"海绵城市"概念

2012年4月

习主席：优先考虑更多利用自然力量排水，建设自然存积、自然渗透、自然净化的"海绵城市"

2013年12月

财政部、住房城乡建设部、水利部决定开展中央财政支持海绵城市试点工作

2014年12月

国务院办公厅印发《关于推进海绵城市建设的指导意见》，部署推进海绵城市建设工作

2015年10月

中央财政确定包括北京市、天津市、大连市、上海市等在内的14个海绵城市试点名单

2016年

图5-16 海绵城市的实施

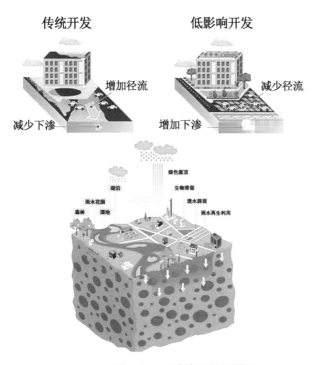

图5-17 雨水资源的再利用

按照海绵城市处理雨水的先后顺序可以将雨水处理设施归纳为三大类：收水设施、蓄水设施、用水设施（图5-18）。常见的收水设施（图5-19）有雨水花园、植草沟、人工湿地、生态滞留区、透水铺装等，主要通过植被、土壤等吸收和净化雨水，实现下渗减排、集蓄利用等。蓄

水设施（图5-20）是指雨水桶、蓄水池、湿塘、雨水湿地等，用以收集雨水，实现再利用。蓄水设施收集的雨水用途与中水用途较为相似，主要用于景观用水、绿化浇灌等（图5-21）。

图5-18　雨水处理三类设施　　　　　图5-19　收水设施

图5-20　蓄水设施　　　　　　　　图5-21　用水设施

海绵城市的提出引发了我们对传统排水系统的再认识。我们往往认为雨水是脏水，是不干净的水，因此，所有的排水路径都被掩埋在地下，发挥着城市排水的作用。而这种投资大、耗费时间久的排水方法确实在排水问题上起到了有效的作用。海绵城市的提出与传统排水系统并不是相悖的，而是互相依存、互相帮助的形式。海绵城市的设计理念通过低影响设计和低开发的原则，将地表70%的降雨就地消纳利用，使城市水生态系统形成良性循环，缓解城市水涝的问题。

5.1.5　人地，让城市拥抱自然⑦

七月的酷暑笼罩着整座北京城，傍晚和小伙伴们相约在长安街上徘徊，慵懒的人群和川流不息的车辆是动态的风景；可惜马路上车行动的速度仿佛蜗牛一般，走路的速度都比它们快。

交通拥堵现象（图5-22）每天都在不停上演，很多人都已经有些麻木了，最近南方大雨导致排水系统瘫痪，整座城市被雨水攻陷，这是城市快速发展所面临的挑战，很多人把它归为"城市病"的症状。人们不断抨击城市发展的弊端，甚至有学者提出了回归乡村的观点，并且过度关注城市发展所产生的问题，如交通拥挤、环境污染严重、犯罪率高等。其实我觉得这是城市发展的一条必经之路，而且城市每天都在创造新的可能，不同层次的人群体现出了城市的活力，为城市的发展做出了无可替代的贡献。

图 5-22　交通拥堵景象

（1）城中村展示着城市魅力

部分城市中存在贫民区，大众对贫困区的态度基本上都是反感的，将其拒之千里，不希望和那里有什么瓜葛；而政府则视其为影响城市发展的阻碍，任何一座城市都不希望出现贫民区。其实这也体现出城市的魅力所在，不断吸引人们前来开拓自己的人生。城市贫民区的存在，从一定意义上来讲，并不是城市衰落的象征，相反，它体现了这座城市的强大。城市足够强大，就会有更大的包容性，从而能够为不同群体的发展提供机会与舞台。对于穷人而言，受限于自身条件，他们没有快速致富的方法，但他们仍然渴望享有更好的生活条件，城市所拥有的广阔的消费市场与便利条件，为他们谋生乃至改变自己的命运提供了可能。贫困人口背井离乡来到城市希望可以找到好的工作，拥有好的居住及医疗条件——这些在条件艰苦的农村还未曾全面实施。只有改善了农村的生活环境和就业问题，才能从根本上解决贫民区问题。

评价一座城市成功与否的标准，并不是看它是否还存在贫困的现象，而是要看它在帮助贫困人口提升自己的社会和经济地位方面做了什么，取得了哪些成效。如果一座城市不断吸引着贫困人口的流入，并且改善了他们的生活条件，提高了他们的社会经济地位，则恰恰证明这座城市为人们提供了更多的经济机遇、公共服务和生活乐趣。所以，城中村（图 5-23）是提升城市经济地位及功绩的最好窗口。

（2）集约化的城市与松散的乡村抉择

通常人们都倾向于一个低密度的城市生活环境，这样既可以减少

图 5-23　城中村

交通拥挤，又可以减缓环境污染等问题。但是我觉得高密度的城市环境，更有利于人类与城市的发展。这主要在于高密度的城市环境可以增加不同文化背景的人之间相互交流的机会，从而产生文化的碰撞，这自古以来就是人类发展进步的引擎。这也是为什么北京、上海等大城市拥有大量的外来人口的原因。虽然很多学者都否定了这一说法，认为城市人口的增多造成了大都市的贫困和犯罪等诸多社会问题。美国郊区化现象就是人们为了寻求一个宽松、舒适的乡村生活环境而产生的，但是郊区开发密度低、土地利用效率低，甚至会占用农田修建房屋与基础设施。市中心人们的住房面积较小、空间距离近、生活便利性强，因此自驾车的机会就少，碳排放量远低于农村或者郊区，这是一种环保性很强的生活方式。应该停止对田园生活的浪漫幻想，回归理性环保主义的观念。

如果说农村比城市更环保，是因为只有相对穷困的人才住在农村，他们没有汽车，各种消费水平都相当低，因此碳排放量才很低。现阶段，我国还处于城市化进程中，农村人口进城还要持续几年，之后中国的城市扩张就会停下来。渐渐就会出现随着农村人口的减少富人下乡现象，开始出现城市化的逆转，然后乡村得到发展建设，农村在某种程度上将要比城市还富裕。当然这仍需要一段漫长的等待及合理健全的政策予以支持。美国一直是一个人们向往的国度，也是城市发展的一个榜样。但是它也许与你想象的不一样，近年来美国大城市的人口数量呈现下降的趋势，大城市日益凋敝，人们更加向往乡村生活，逆城市化现象严重。不过我觉得这只是城市发展过程中的一段曲折的道路，终将会过去，城市会获得最终的胜利。因为相比乡村，城市具有它独特的优势，在富裕的前提下，大城市的发展方式可以使土地的利用更加集约、环境保护更加有效、能源节约效率更高等。

（3）城市的胜利

城市是一个让人变得亲密，让观察和学习变得便利，让人们得以并肩合作各遂其志的场所。城市的成功有其特有的优势也有很多的共同点，城市的衰落同样有着不可复制的模板。沿河湖兴建的城市、交通干线上的城市等的形成都是由城市原始的地理位置决定的。一成不变的发展模式是无法延续下去的，带来的只有城市的衰退。要想使城市更加的繁荣昌盛就要结合当下的实际情况并根据人们的意愿，进行合理的、系统的规划，制定出具有可实施性的方案。城市是一个让我们变得更加富有、更加智慧、更加健康与幸福的载体。

5.2　让城市拥有智慧流淌的空间

5.2.1　系统性构建城市的水循环体系[8]

近年来，由于城市水循环体系的不完善，我国很多城市都曾遭遇过或大或小的雨水灾害，给人们的生产和生活带来不利影响。2013 年 8 月 17 日，汕头市潮南区遭受了有史以来最强降雨袭击，造成练江决堤，以中心城区为核心的练江平原地区成为重灾区（图 5-24）。该灾害引起了国际规划学会专业领域国际专家的高度关注，随后该学会派出多名水环境专家对潮南区的水环境风险进行了全面评估。在评估中，专家明确提出潮南区应尽快进行更加系统性的水资源保护与利用工作。

图 5-24　潮南区水灾受灾区

（1）曾经的"潮汕水乡"

潮南区位于汕头市西南部，东临南海，长期受海洋性气候影响，城乡用地破碎化严重，属于典型的半城市化地区。全区河涌密布，纵横交错，水系肌理清晰，20 世纪 80 年代以前是名副其实的"潮汕水乡"。而今却因破坏性发展方式让曾经的"潮汕水乡"近乎丧失水敏性。因此，潮南区构建城市的水循环体系、开展排水防涝综合规划显得极为迫切，其规划范围如图 5-25 所示。

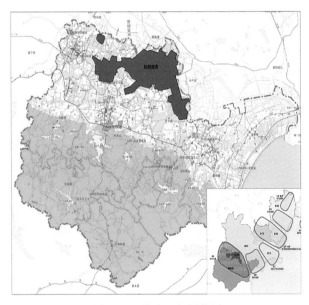

图 5-25　潮南区规划范围

（2）三大层次目标指导下的城市水循环体系构建

规划目标为规划工作的开展明确了方向，本次规划的目标以住房和城乡建设部印发的《城市排水（雨水）防涝综合规划编制大纲的通知》为指导，分为三个层次：第一个层次，发生城市雨水管网设计标准以内的降雨时，地面不应有明显积水；第二个层次，发生城市内涝防治标准以内的降雨时，城市不能出现内涝灾害；第三个层次，发生超过城市内涝防治标准的降雨时，城市运转基本正常，不得造成重大财产损失和人员伤亡。三大层次目标层层递进，保证了潮南区的正常运转。

本次规划以海绵城市为核心理念，提升城市的水敏性。结合降雨、土壤、水资源等因素，考虑规划区为圩区的特征，规划梳理、整治现状水系，加大泵站机组排水力度，同时加强雨水排水管道的排水能力。在此基础上，加强雨水资源化利用，并通过建设调蓄池的方式增加重点地区的雨水调蓄能力。

在规划之前，我们首先对潮南区的内涝灾害进行了风险评估，建立了内涝灾害评估体系，以科学量化内涝风险等级，采取更加针对性的应对措施（表5-1，图5-26）。

表5-1　潮南区城市内涝灾害主要风险评估因子表

类型	序号	主要风险因子	所含因子	权重 / %
危险性影响因子	1	地面高程	地形、地面高程	35
	2	径流系数	地面坡度、地面渗透性	15
暴露性影响因子	3	人口密度	人口密度	20
	4	经济状况	经济状况	20
脆弱性影响因子	5	防灾抗灾能力	防灾意识、应急救灾能力、防灾抗灾能力、医疗救护能力	10

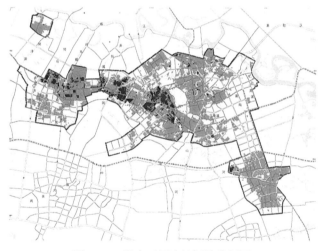

图5-26　潮南区风险性评估分析图

（3）精明分区的规划方法

在具体的规划方法上构建了从源头到末端全过程的兼顾雨水控制治理与景观环境塑造的关键性"水敏性"空间体系，采用了主次分明的"大分区、子分区、易涝点"精明分区方式（图5-27）。司马浦、美仙溪、十八湾、峡山、胪英五大防涝分区（图5-28）从区域统筹的角度明确了城区与周边地区的防涝关系。在本次规划过程中梳理出潮南区十大易涝点，通过对十个易涝点的面积、内涝原因进行全面分析，提出不同易涝点的差异化改造措施（图5-29，表5-2）。

图 5-27 潮南区三大精明分区

司马浦、美仙溪片区   十八湾、峡山片区   胪英片区

图 5-28 潮南区分区方案

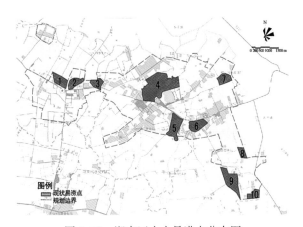

图 5-29 潮南区十大易涝点分布图

表 5-2 潮南区十大易涝点差异化改造措施

序号	易涝点面积/hm²	内涝原因	改造措施
1	36	地势低洼,高程小于 1 m,为周围较低点,缺乏排水管道	① 高程控制不小于 1.5 m;② 完善周边排水管网;③ 扩建四片排涝站;④ 疏浚河道
2	30	地势低洼,高程小于 1 m,为周围较低点,缺乏排水管道	① 高程控制不小于 1.5 m;② 完善周边排水管网;③ 扩建西脚排涝站;④ 疏浚河道
3	25	地势低洼,高程小于 1 m,为周围较低点,缺乏排水管道	① 高程控制不小于 1.5 m;② 完善周边排水管网;③ 疏浚河道

序号	易涝点面积/hm²	内涝原因	改造措施
4	185	地势低洼，高程小于 1.5 m，为周围较低点，缺乏排水管道	① 高程控制不小于 2 m；② 完善周边排水管网；③ 新建雨水调蓄池；④ 疏浚河道
5	63	地势低洼，高程小于 2 m，为周围较低点，缺乏排水管道	① 高程控制不小于 2.5 m；② 完善周边排水管网；③ 新建雨水调蓄池；④ 疏浚河道
6	42	地势低洼，高程小于 2.5 m，为周围较低点，缺乏排水管道	① 高程控制不小于 3 m；② 完善周边排水管网；③ 新建雨水调蓄池；④ 疏浚河道；⑤ 新开挖排水沟
7	30	地势低洼，高程小于 1.5 m，为周围较低点，缺乏排水管道	① 高程控制不小于 2 m；② 完善周边排水管网；③ 新建东溪排涝泵站；④ 疏浚河道
8	17	地势低洼，高程小于 2.5 m，为周围较低点，缺乏排水管道	① 高程控制不小于 3 m；② 完善周边排水管网；③ 新建雨水调蓄池；④ 疏浚河道
9	68	地势低洼，高程小于 2 m，为周围较低点，缺乏排水管道	① 高程控制不小于 2.5 m；② 完善周边排水管网；③ 新开挖排水沟
10	22	地势低洼，高程小于 2 m，为周围较低点，缺乏排水管道	① 高程控制不小于 2.5 m；② 完善周边排水管网

（4）低影响开发模式

在开发模式上采用低影响开发（LID）模式，该模式的关键在于原位收集、自然净化、就近利用或回补地下水。成本低，适应性强，能有效减少地表雨水径流与污染的优势，使该模式被广泛应用到城市雨洪管理中。在规划实施方面，建立"河长"制度，明确"河长"权责，将规划落实情况具体到人。传统城市雨水循环与 LID 措施对比如图 5-30 所示。

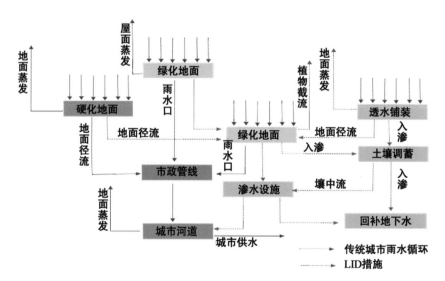

图 5-30 传统城市雨水循环与 LID 措施对比

以上规划方案在建设海绵城市理念的指导下，提出了"大分区、子分区、易涝点"精明分区的规划方法，针对十大易涝点内涝产生的原因，提出了差异化的解决措施，做到了整体与重点兼顾。采用 LID 模式，不仅减少了地表雨水径流，而且达到了控制径流污染、削减洪峰、减少径流体积的目的，对有效解决城市内涝有积极意义。

5.2.2 环保是城市未来的方向⑨

随着我国经济的快速发展，城市化进程及工业化进程的不断加快，环境污染问题日益突出。为了有效解决这一问题，我国出台了系列政策加大对环保产业的支持力度。目前我国已经形成了环渤海环保聚集区、长三角环保聚集区、珠三角环保聚集区、沿江环保发展轴四大环保产业空间。环保产业的发展对改善城市环境污染、实现城市高质量发展具有重要作用。那么环保产业空间应该如何打造呢？几年前，我们接触到了邯郸涉县中高环能科技有限公司企业总部设计的项目，也许能给大家带来一些启发。

（1）树立花园式绿色总部形象

中高环能科技有限公司位于邯郸涉县"冀·津循环经济产业示范区"（图5-31），作为垃圾发电行业龙头企业，其垃圾处理利用技术在国际处于领先水平，也是国内唯一达标的生活垃圾处理专利技术。在国家大力发展节能环保产业的大背景下，园区节能环保产业顺应了国家政策，也得到了国家的支持。对于这样的企业，它的总部园区应该如何去规划定位呢？经过设计团队多次对园区的调研，我们认为本次总部园区的规划设计应充分延伸其环保功能，以凸显其示范作用。因此在总体定位上致力于将其打造成为全国节能环保产业生态型总部示范基地，树立花园式绿色总部形象。

（2）风水格局下的园区设计理念

规划以"延续生态可持续的园区理念、营造丰富的园区空间、建立国际化的智慧园区形象、打造示范性的总部园区"为核心理念。依托园区大环境的风水格局（图5-32），借东枯河之势，结合雨水景观滞蓄池打通水脉，与东枯河交汇环抱园区核心办公区，同时依靠体量最大的厂房，使整个园区形成"负阴抱阳、金带环抱、藏风聚气"的风水吉势。园区景观的"水脉""绿脉"形成八卦太极阵，将其作为园区的主要经脉，依水立向，吸取和汇聚大自然的能量和生气，为园区注入灵气与活力。园区空间布局

北京：
政治中心、文化中心、国际交往中心、科技创新中心

天津：
全国先进制造研发基地、北方国际航运核心区、金融创新运营示范区、改革开放先行区

河北：
全国现代商贸物流重要基地、产业转型升级实验区、新型城镇化与城乡统筹示范区、京津冀生态环境支撑区

● 承接京津功能疏解和产业转移的重要平台

图5-31　冀·津循环经济产业示范区区位

绿脉
水脉

图5-32　园区风水格局

图如图 5-33 所示。

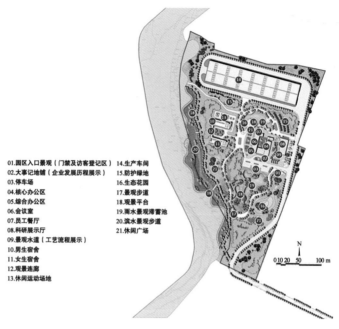

01.园区入口景观（门禁及访客登记区）	14.生产车间
02.大事记地铺（企业发展历程展示）	15.防护绿地
03.停车场	16.生态花园
04.核心办公区	17.景观步道
05.综合办公区	18.观景平台
06.会议室	19.雨水景观滞蓄池
07.员工餐厅	20.滨水景观步道
08.科研展示厅	21.休闲广场
09.景观水道（工艺流程展示）	
10.男生宿舍	
11.女生宿舍	
12.观景连廊	
13.休闲运动场地	

图 5-33　园区空间布局图

① 延续生态可持续的园区理念

该理念旨在将中高环能产业和技术上的生态可持续理念贯穿在园区设计之中（图 5-34）。具体而言，通过合理利用场地地形、地势，设计生态景观，将雨水的收集、过滤、滞蓄、排蓄与景观设计相结合，打造可持续园区，展现基地原生的地形特色。打造极具观赏价值的生态湖泊，形成基地内的生态水脉，同时利用当地的特色植物，如槐树、月季等，设计基地绿脉、休闲绿脉，使其与生态水脉形成互通关系，形成可持续的园区景观。

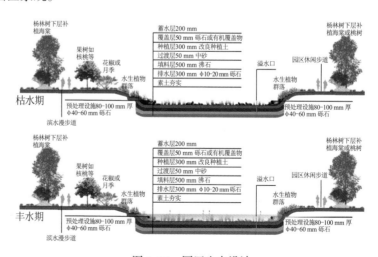

图 5-34　园区生态设计

② 营造丰富的园区空间

因地制宜地进行园区景观植物布局，融合涉县本土特色植物，以形与色的变化给人丰富惬意的景观体验，同时设置以人为本的交通流线组织，分别考虑参观者、使用者的行为心理，合理组织园区内外部交通。例如由于地形存在较大高差，通过台地的形式对地形进行处理，以高差和不同铺装形式的绿化分割出不同层次的带状滨水漫步空间。

③ 建立国际化的智慧园区形象

建立国际化的智慧园区形象就要做到与国际接轨，打造节能环保、协调自然的建筑风貌，以展现企业行业的领先水平。具体而言，可以将反映当地文化寓意的石刻等景观小品融入智慧城市家具设计中，体现特色智慧园区形象。例如组织举办节假日大型活动，通过有效组织地面灯光肌理，塑造智慧科技园区充满活力的园区形象，提升园区形象及知名度，同时植入智慧科技电子滚屏标识系统（图5-35），让科技生活化，丰富园区体验。

图 5-35　智慧园区设计

④ 打造示范性的总部园区

为了凸显园区的示范性，要在设计理念、建筑风貌、景观建筑小品等方面体现中高环能科技有限公司节能环保和技术创新的特色企业文化。例如通过对城市家具的纹理、色彩等元素进行设计，在体现地方特色文化建筑内涵的同时，凸显地方特色文化内涵（图5-36）。

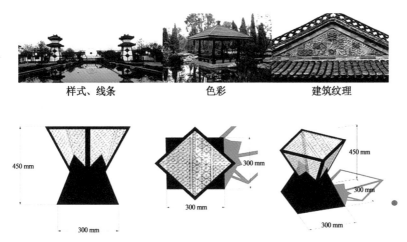

图 5-36　体现地方文化内涵的建筑设计

中高环能科技有限公司总部园区的设计充分运用了环保这一核心企业文化特色，它以园区风水格局为依托，从生态持续、空间营造、智慧化设计、示范性设计四大方面传达出节能环保产业基地的设计理念，相信这些理念对环保产业城市规划设计也有借鉴意义。

5.2.3 让城市更加聪明⑩

出于城市规划师的职业本能，每到一座城市，除了感知它在建设和发展中所取得的成就外，更能引起我注意的也许就是这座城市存在的问题。由于工作原因，近年来我不断行走于各座城市之间，也发现了一些共性的问题。例如，伴随着城市化进程的加快，土地、空间、水资源等日益短缺，城市资源压力激增；随着城市人口膨胀，环境问题也在不断地凸显，城市管理的难度加大。而依靠传统的技术和管理方法又难以有效解决城市管理运行问题，城市运行的部分环节亟待优化。

"智慧城市"正是基于这些问题提出的，其必要性和紧迫性十分明显。那么什么是智慧城市？智慧城市是指利用各种信息技术或创新概念，将城市的系统和服务打通、集成，以提升资源运用的效率，优化城市管理和服务，以及改善市民生活质量⑪。由此可见智慧城市对有效解决目前城市运行管理中所存在的问题有积极的作用，那么智慧城市应该如何打造，怎么才能让我们的城市更加聪明呢？2013年，我院受牡丹江市住房和城乡建设局委托在牡丹江申报国家智慧城市试点中做了一些工作。

（1）全方位、系统化地打造牡丹江市智慧城市

2013年，牡丹江市被列入国家第二批智慧城市试点，为全面推进智慧城市建设工作创造了良好的条件。那么，牡丹江市应该如何抓住这一契机，开展智慧城市建设工作？智慧城市的建设将新一代信息技术充分运用于城市的各行各业，它的建设是系统化的，不是只单单解决城市发展中某一方面的问题，而是涉及城市发展的方方面面（图5-37）。因此，在牡丹江市智慧城市的建设中，我们确定了四个打造、五项建设的愿景，以期全方位、系统化地解决牡丹江市城市发展中的问题，提高牡丹江市城市精细化管理与动态管理水平。

其中，四个打造是指：打造更有效率的资源利用模式，打造更为灵活的敏捷运营机制，

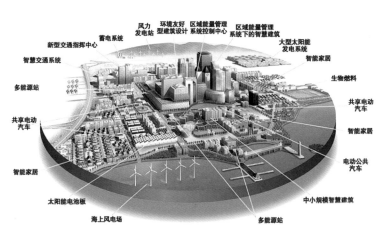

图5-37　智慧城市

打造更加便捷的民生服务手段，打造更具潜力的产业发展环境。五项建设是指：建设活跃创新的城市经济，建设现代幸福的宜居城市，建设精准高效的城市治理，建设完备智能的城市环境，建设均等灵活的城市服务。

（2）智慧城市建设系列规划

如前所述，智慧城市建设是一个系统化的工作。因此，系列规划涵盖了信息基础设施、资源环境、社会民生、城市管理与运行、产业经济、城市特色发展六大领域规划。

① 信息基础设施领域规划

信息基础设施领域规划将以加快提升信息基础设施服务水平和普遍服务能力为主线，加大建设投入，着力增强信息网络综合承载能力、设施资源综合利用能力和信息通信集聚辐射能力三大能力。该规划具体包括网络基础建设、数据中心建设、信息安全基础建设与机制建设四大主要任务。

② 资源环境领域规划

资源环境领域规划将致力于建设以绿色、低碳、和谐、可持续发展为主要特征的生态型城市，彰显山水园林城市特色，提升生态文明水平，把牡丹江市的生态优势转化为发展优势，努力打造"生态牡丹江"。重点通过对城市能源智能化的管理与生态环境智能监测两大任务来实现生态型城市打造的目标。

③ 社会民生领域规划

社会民生领域规划将通过新型的全方位信息化公共服务应用体系的建立，为居民提供更为安全、便捷、健康的智能化生活环境。通过建立智能型教育体系、新型卫生医疗服务模式和促进社区服务方式的转变来优化公共服务水平。具体而言，最终我们希望达到智慧社区遍布全城、智慧医疗全面覆盖、智慧教育全民共享、智能食品药品安全全程监督、智慧旅游服务完善的目标。

④ 城市管理与运行领域规划

城市管理与运行领域规划将突出信息的共享与信息的深度挖掘，大力推进以信息感知、业务协同、系统集成为重点的智能应用，通过应用示范带动新技术、新业态、新模式的推广，使城市运行更安全、经济发展更协调、政府管理更高效、公共服务更完善、市民生活更便捷，全方位提升城市管理水平[10]。该规划具体包括智能交通管理、城市空间实体可视化管理、智能城市应急处理、政府智慧运用四大任务。

⑤ 产业经济领域规划

在产业经济领域将发展智能制造、绿色制造和服务型制造产业，依托信息技术，发展节能产品、节能技术、节能工业，推进制造企业逐渐由产品生产转向服务，建成一批面向重点行业的信息化公共服务平台，形成一批综合性、行业性的电子商务交易平台，使牡丹江市成为黑龙江省网络经济交易的重要节点。具体而言，在产业经济领域要实现重点产业的高端发展、加快发展新一代信息技术产业、提升产业研发制造水平。

⑥　城市特色发展领域规划

城市特色发展规划将充分运用物联网、云计算、智能数据挖掘、新一代通信网络等技术，整合并开发激活牡丹江旅游、商贸等特色要素资源。牡丹江市的景点具有一定的特色，旅游经济发达且开发潜力巨大，将智慧融入旅游开发与旅游管理，构建旅游公共信息服务平台，提供更便捷的旅游服务，提升牡丹江旅游文化品牌，凸显牡丹江旅游特色。结合牡丹江市地处中俄边界的明显优势，建设具有延边经济特色的智慧型城市。

（3）六大保障措施

智慧城市建设是一个复杂系统工程，它涉及城市的农业、工业、商业、服务业、交通、医疗、教育、能源、环保等各方面。因此，在智慧城市的建设过程中，完善的保障措施不可或缺，具体包括六大保障措施。

制度保障：成立智慧城市建设工作领导小组，建立健全工作机制，做到责任明确，任务落实。政策保障：建立完善的智慧城市法律法规及政策支撑体系，建设配套服务功能。资金保障：加大智慧城市相关项目的资金投入力度，积极吸引外部投资。产业保障：搭建产学研平台，统筹产学研资源，推动科技研发及知识产权保护。运行保障：构建科学的信息技术（IT）运行维护体系，提高项目运行管理水平，降低危险系数。人才保障：重视人才引进及培养，发挥人才工程引领作用，建立与各大院校的合作关系。

本次我们从信息基础设施、资源环境、社会民生、城市管理与运行、产业经济、城市特色发展等方面具体阐述了智慧城市建设的要点与任务，并提出了具有针对性的保障措施，这对于运用信息技术系统化地解决牡丹江市以及其他城市所遇到的土地、资源、人口、产业、城市运行管理等问题具有积极作用。

第 5 章注释

① 第 5.1.1 节原文作者为李晶晶，陈易、刘晓娜、乔硕庆修改。该章节的部分观点源自作者在南京大学城市规划设计研究院北京分院公众号发表的文章《"人与水"的关系，远远没那么简单》以及营口市站前区规划设计案例研究。

② 第 5.1.2 节原文作者为杨楠，陈易、刘晓娜、乔硕庆修改。该章节的部分观点源自作者在南京大学城市规划设计研究院北京分院公众号发表的文章《拒绝在城里看海，走，带你去看人家的河》。

③ 参见搜狗"国际水协会"。

④ 第 5.1.3 节原文作者为胡正扬，陈易、刘晓娜、乔硕庆修改。该章节的部分观点源自作者在南京大学城市规划设计研究院北京分院公众号发表的文章《他山之石：

不再让大雨将城市颠倒》。

⑤　参见百度文库：李兴泰《国内外城市雨水管理体系发展比较》。

⑥　第5.1.4节原文作者为王健、陈易、刘晓娜、乔硕庆修改。该章节的部分观点源自作者在南京大学城市规划设计研究院北京分院公众号发表的文章《对城市排水方式的新认识》。

⑦　第5.1.5节原文作者为付亚齐、陈易、刘晓娜、乔硕庆修改。该章节的部分观点源自作者在南京大学城市规划设计研究院北京分院公众号发表的文章《还乡村自然，助城市发展：如果你热爱自然，就去城市生活》。

⑧　第5.2.1节根据《汕头市潮南区排水防涝综合规划》项目研究成果、工作总结与心得体会编写，编写人为陈易、刘晓娜和乔硕庆。

⑨　第5.2.2节根据《涉县中高环能总部园区修建性详细设计》项目研究成果、工作总结与心得体会编写，编写人为陈易、刘晓娜和乔硕庆。

⑩　根据《黑龙江牡丹江市国家智慧城市试点规划纲要》项目研究成果、工作总结与心得体会编写，编写人为陈易、刘晓娜和乔硕庆。

⑪　参见百度百科"智慧城市"。

第5章参考文献

［1］冷红，袁青. 韩国首尔清溪川复兴改造［J］. 国际城市规划，2007，22（4）：43-47.

［2］王思思. 国外城市雨水利用的进展［J］. 城市问题，2009（10）：79-84.

［3］钟素娟，刘德明，许静菊，等. 国外雨水综合利用先进理念和技术［J］. 福建建设科技，2014（2）：77-79.

［4］赵兵，王健，范月. 江苏省节约型园林绿化扩展性研究与实践［J］. 中国园林，2010，26（11）：68-71.

［5］吕华薇，董志国. 绿色市政道路中的雨水利用技术［J］. 给水排水，2012，48（S1）：183-187.

［6］廖朝轩，高爱国，黄恩浩. 国外雨水管理对我国海绵城市建设的启示［J］. 水资源保护，2016，32（1）：42-45，50.

［7］程江，徐启新，杨凯，等. 国外城市雨水资源利用管理体系的比较及启示［J］. 中国给水排水，2007，23（12）：68-72.

［8］刘欣. 海绵城市理念在地道雨水治理和控制中的应用研究［D］. 天津：天津大学，2018.

［9］蔡志芳. 绿色医院与海绵城市：医院项目如何构建低影响开发雨水系统［C］//中国医学装备协会. 中国医学装备大会暨2019医学装备展览会论文汇编. 北京：中国医学装备，2019：6.

［10］谭成国，余谦，孙思邈. 让智慧城市立体空间化［J］. 测绘地理信息，2013，38（3）：82-84.

第5章图表来源

图5-1 源自：新浪博客.

图5-2 源自：太平洋摄影博客.

图 5-3 至图 5-7 源自："水路城市：首尔，清溪川的变迁"展览.

图 5-8 至图 5-11 源自：360 个人图书馆.

图 5-12 源自：新浪博客《雨水收集与利用的景观途径》.

图 5-13 源自：筑龙学社.

图 5-14 源自：新浪博客.

图 5-15 源自：微博截图.

图 5-16 源自：王健绘制.

图 5-17 源自：龙景园文旅智业《如何做好海绵城市？》.

图 5-18 源自：王健绘制.

图 5-19 至图 5-21 源自：龙景园文旅智业《如何做好海绵城市？》.

图 5-22 源自：C114 新闻；0746 房产网.

图 5-23 源自：百度图片.

图 5-24 源自：中国天气.

图 5-25 至图 5-30 源自：《汕头市潮南区排水防涝综合规划》项目文本.

图 5-31 至图 5-36 源自：《涉县中高环能科技有限公司节能环保总部园区详细设计》
    项目文本.

图 5-37 源自：赛迪网《"天山云"乌鲁木齐云计算产业基地开工奠基》.

表 5-1、表 5-2 源自：《汕头市潮南区排水防涝综合规划》项目文本.

本书作者

陈易，男，1977 年生，江苏南京人。城市规划博士、高级城市规划师，南京大学产业教授、武汉大学兼职教授、北京大学客座教授。南京大学城市规划设计研究院院长助理兼北京分院院长，南京大学中法中心北京负责人，阿特金斯顾问（深圳）有限公司原副董事、城市规划总监。主要研究方向为区域战略、空间治理、空间规划、新城开发、城市更新与特色小镇等。著有《转型时代的空间治理变革》，在社会科学引文索引（SSCI）国际期刊与中文核心期刊发表论文 20 余篇。主持、参与城乡区域规划项目与课题 100 余项，包括多个部委重大试点项目，并多次获得省、市各类规划奖项。